NOVAS TÉCNICAS
de manipulação genética

Christiane Vincenzi Moreira Barbosa
Lino Rampazzo

NOVAS TÉCNICAS
de manipulação genética

Questionamentos éticos e sociais

Edições Loyola

Dados Internacionais de Catalogação na Publicação (CIP)
(Câmara Brasileira do Livro, SP, Brasil)

Barbosa, Christiane Vincenzi Moreira
  Novas técnicas de manipulação genética : questionamentos éticos e sociais / Christiane Vincenzi Moreira Barbosa, Lino Rampazzo. -- São Paulo, SP : Edições Loyola, 2023.
  Bibliografia.
  ISBN 978-65-5504-278-8
  1. Bioética social 2. Eugenia - Brasil - História 3. Genética - Aspectos morais e éticos 4. Genoma humano I. Rampazzo, Lino. II. Título.

23-160914   CDD-616.042

Índices para catálogo sistemático:
1. Genética : Medicina   616.042

Tábata Alves da Silva - Bibliotecária - CRB-8/9253

Preparação: Paulo Fonseca
Capa e diagramação: Viviane Bueno Jeronimo
  Composição e montagem a partir das ilustrações
  de © Orlando Florin Rosu | Adobe Stock
  e © Sergey Nivens | Adobe Stock.
Revisão: Mônica Glasser

Edições Loyola Jesuítas
Rua 1822 nº 341 – Ipiranga
04216-000 São Paulo, SP
T 55 11 3385 8500/8501, 2063 4275
editorial@loyola.com.br
vendas@loyola.com.br
www.loyola.com.br

Todos os direitos reservados. Nenhuma parte desta obra pode ser reproduzida ou transmitida por qualquer forma e/ou quaisquer meios (eletrônico ou mecânico, incluindo fotocópia e gravação) ou arquivada em qualquer sistema ou banco de dados sem permissão escrita da Editora.

ISBN 978-65-5504-278-8

© EDIÇÕES LOYOLA, São Paulo, Brasil, 2023

105222

Sumário

Introdução 9

Capítulo I - A eugenia 13

1.1. O surgimento da eugenia 13

    1.1.1. Eugenia: origem do termo, espécies e objetivos 13

    1.1.2. O contexto histórico do surgimento do termo "eugenia" 17

    1.1.3. Os estudos de Galton 22

    1.1.4. A repercussão científica do pensamento de Galton 23

1.2. A preocupação com a melhora da raça humana na história 25

    1.2.1. A importância da menção da preocupação eugênica na história 25

    1.2.2. A seleção artificial em espécies não humanas 26

    1.2.3. A formação dos guerreiros de Esparta 30

    1.2.4. A eugenia em *A República*, de Platão 32

    1.2.5. A eugenia na *Política*, de Aristóteles 34

    1.2.6. O infanticídio em comunidades indígenas 36

    1.2.7. A eugenia no século XX 39

    1.2.8. A nova eugenia 43

Capítulo II – A Bioética e a dignidade da pessoa humana 45

2.1. Bioética: seu surgimento e seu conceito 45
    2.1.1. A importância da Bioética 46
    2.1.2. Uma breve história da Bioética 48
    2.1.3. O que é a Bioética e qual o seu campo de aplicação 52

2.2. As teorias da Bioética 56
    2.2.1. Algumas das principais teorias da Bioética 56
    2.2.2. A teoria utilitarista 58
    2.2.3. A teoria principialista 59

2.3. Os princípios da Bioética 59
    2.3.1. Os princípios universais da Bioética 60
    2.3.2. Os princípios da beneficência, da não maleficência, da justiça e da autonomia 62
    2.3.3. Os novos enfoques bioéticos com base no principialismo 64

2.4. A dignidade da pessoa humana no contexto da Bioética 66
    2.4.1. O conceito de pessoa 66
    2.4.2. A dignidade da pessoa humana no contexto da Bioética 71
    2.4.3. O genoma como direito humano 74

Capítulo III – A formulação do conceito de pessoa na época patrística 79

3.1. O horizonte histórico em que surgiu a questão do homem como pessoa 80

3.2. A Patrística 82

3.3. Significados do termo "pessoa" 83
    3.3.1. Na Antiguidade 83
    3.3.2. No cristianismo primitivo 84
    3.3.3. *Prosopon, persona* e *hypóstasis* 85

3.4. O Concílio de Niceia (325) 89

3.5. A contribuição dos capadócios 90

3.6. A questão cristológica 93

3.7. Santo Agostinho: o homem é pessoa 97

Capítulo IV – A dignidade da pessoa humana no personalismo de Mounier 103

4.1. Quem foi Emmanuel Mounier? 105

4.2. A obra *O personalismo* 108

Capítulo V – A manipulação genética 121

5.1. Tecnologias atuais de manipulação genética 121

    5.1.1. Conceitos importantes relacionados com a manipulação genética 121

    5.1.2. Breve histórico da manipulação genética 126

    5.1.3. O sistema CRISPR-Cas9 129

    5.1.4. Espécies de edição genética 134

    5.1.5. A edição genética em linha germinativa 138

5.2. Os possíveis usos das tecnologias de manipulação genética 142

    5.2.1. A manipulação de seres vivos não humanos e suas implicações 143

    5.2.2. Alguns exemplos históricos de consequências da intervenção do homem na natureza 146

    5.2.3. Edição genética de seres humanos com fins terapêuticos 148

    5.2.4. As preocupações em torno da edição genética em seres humanos em linha germinativa 150

Capítulo VI – Experimentos realizados e aspectos normativos envolvendo a edição genética 153

6.1. Os experimentos realizados em embriões humanos 154

    6.1.1. O experimento de He Jiankui 154

    6.1.2. Os limites éticos da manipulação genética em linha germinativa 155

6.2. Abordagem normativa e principiológica
de experimentos envolvendo a genética humana 158
   6.2.1. Regulamentação da técnica 158
   6.2.2. A necessidade de normatização em
   nível internacional 161
   6.2.3. Normas sobre a manipulação genética
   no Brasil 164
   6.2.4. Abordagem principiológica 169

Capítulo VII – Indução artificial na melhora da
espécie humana e possibilidade
de criação de uma raça de
"super-humanos" 175

7.1. Possíveis efeitos da edição genética em linha
germinativa 175
   7.1.1. Possíveis benefícios da modificação do
   DNA humano em linha germinativa 176
   7.1.2. Os riscos que envolvem a edição genética
   em linha germinativa 182
   7.1.3. O problema do acesso aos tratamentos
   de edição genética 185

7.2. A criação de "super-humanos" 186
   7.2.1. Crítica à edição genética em linha germinativa
   com fins eugenistas 187
   7.2.2. A banalização da CRISPR 193
   7.2.3. Alguns casos retirados da ficção científica 195

7.3. O surgimento de uma nova forma de racismo 201
   7.3.1. Da ficção ao mundo real 202
   7.3.2. O perigo de uma nova eugenia e a importância
   da reflexão Bioética no que tange à dignidade
   da pessoa humana 204
   7.3.3. Os "super-humanos" e o pós-humanismo 205

Conclusão 209
Referências 215

Introdução

Em face do significativo aprimoramento das técnicas de engenharia genética, as quais tornaram possível a edição do genoma de qualquer organismo vivo, incluindo o humano, surgem novas preocupações.

Nesse sentido, o principal receio é a retomada do pensamento eugenista, que povoou por diversas vezes a imaginação da humanidade, dado que o desejo de melhorar a própria espécie mostra-se inerente à natureza humana. Ademais, com a disponibilidade de tecnologias mais aprimoradas de edição genética, como a CRISPR-Cas9 – que será analisada no decorrer desta obra –, é necessário que sejam estabelecidas discussões a respeito de suas aplicações, particularmente em seres humanos.

Essa necessidade se deve ao fato de as possíveis implicações do uso indiscriminado e irresponsável da engenharia genética guardar o potencial de trazer danos irreversíveis à saúde humana e ao meio ambiente, além de poder acarretar o aumento das discriminações e das desigualdades sociais.

Por esse motivo, investigar-se-ão aqui as possíveis aplicações práticas das mais atuais técnicas de edição genética à luz dos princípios bioéticos. Será dada uma especial ênfase ao princípio da dignidade da pessoa humana, devido ao fato de as referidas práticas possuírem a capacidade de atingir a sua essência.

Buscar-se-á também responder a seguinte questão: quais devem ser os limites à edição do genoma humano em linha germinativa, de modo a se respeitar a dignidade da pessoa humana e os princípios bioéticos e se evitarem consequências sociais desastrosas? Para contestar essa indagação, o presente estudo apresentará uma análise reflexiva a respeito dos princípios da Bioética, demonstrando sua relevância no que tange ao tema abordado. Também apresentará um exame acerca do princípio da dignidade da pessoa humana, demonstrando sua relação com o genoma humano.

O desenvolvimento da presente obra baseia-se em pesquisa de caráter bibliográfico e documental, utilizando-se de livros, artigos científicos, notícias de periódicos, filmes e outros recursos, além da própria legislação, sempre de um ponto de vista transdisciplinar, realizando por isso uma abordagem dedutiva.

O primeiro capítulo se constitui de uma análise acerca da eugenia, de seu surgimento, de seu conceito e de suas espécies, bem como de sua pertinência ao presente estudo. O segundo, de uma exposição a respeito da Bioética, de seus enfoques e princípios, seguida de sua contextualização com a dignidade da pessoa humana.

E, para dar uma fundamentação a tal dignidade, o terceiro capítulo apresenta como, nos séculos IV e V, a partir de discussões teológicas sobre a Trindade e a cristologia, chegou-se a aplicar ao homem o conceito de pessoa. Tal matriz cristã foi inspiradora do movimento da filosofia personalista, desenvolvida a partir do início do século XX, da qual se destaca a contribuição do filósofo Emmanuel Mounier, estudada no capítulo quarto.

No quinto capítulo explicar-se-ão as técnicas de engenharia genética e seus possíveis usos. Enquanto o sexto capítulo traz a abordagem dos experimentos que já foram realizados com o uso dessas técnicas, acompanhada de uma análise de sua legalidade. Por essa razão, entendeu-se pertinente situar a questão normativa que envolve as tecnologias em questão nesse contexto.

Por fim, o sétimo e último capítulo apresenta os possíveis usos das técnicas de edição genética, estabelecendo uma análise do seu impacto social. Nesse contexto, são utilizadas obras de ficção científica para o estabelecimento de uma analogia com as possibilidades que despontam, como consequência da aplicação irresponsável das referidas técnicas.

A escolha do tema justifica-se por sua relevância e atualidade, assim como pelo fato de ser pouco discutido e noticiado pela mídia. A despeito de envolver o próprio futuro de toda a espécie humana, o assunto é desconhecido de muitos, ainda povoando apenas os cenários pertencentes à ficção científica. Nesse sentido, entende-se necessária uma análise séria e comprometida do assunto, que deve ser discutido à luz da Bioética e regulamentado de forma rígida no âmbito internacional e interno às diferentes nações.

Isso posto, entende-se que o presente livro pode cooperar com uma abordagem interdisciplinar de um tema que carrega consigo implicações sérias e que podem afetar toda a humanidade.

CAPÍTULO I

A eugenia

O que é a eugenia? Quais são suas espécies e objetivos? Quando surgiu? Quais foram os cientistas que a defenderam? Como diferentes culturas demonstraram a preocupação com a melhora da raça humana? Essas são as perguntas a que nos propomos responder neste capítulo.

1.1. O surgimento da eugenia

Neste item, considera-se, mais especificamente, a origem do termo, suas espécies e objetivos e, particularmente, o contexto histórico do surgimento deste termo.

1.1.1. Eugenia: origem do termo, espécies e objetivos

Embora a preocupação com o aprimoramento da espécie humana seja detectada em vários momentos da história, o termo "eugenia" tem origem relativamente recente e se liga à realização de uma série de estudos relativos à hereditariedade. Em decorrência da importância de se entender como o pensamento eugenista se desenvolveu ao longo do tempo, importa investigar a criação do termo, bem como os principais movimentos ligados a esse conceito.

Embora a eugenia como fato social tenha tido sua origem em tempos mais remotos, como será visto mais adiante, o termo que a designa foi cunhado em 1833 pelo antropólogo inglês Francis Galton (1822-1911). O vocábulo reúne dois morfemas gregos, um significando "bem" e outro, "nascer". Eugenia, assim, significa "bem-nascido" (GALTON, 2001, 17). Como se pode supor, o vocábulo foi criado dentro de um cenário especialmente propício. Muitos movimentos científicos, particularmente na seara da Biologia, vinham surgindo na Europa no período mencionado, o que possibilitou o quadro perfeito para que o pensamento de Galton pudesse florescer.

Há principalmente dois sentidos para o pensamento eugênico, o positivo e o negativo. A saber: "A eugenia positiva se refere à promoção de cruzamentos entre pessoas que, supostamente, possuem genes favoráveis, enquanto a eugenia negativa se refere ao desestímulo de cruzamentos entre aquelas consideradas possuidoras de características indesejáveis" (KLUG et al., 2010, 838).

Entende-se que Francis Galton adotou os dois sentidos de eugenia no desenvolver de seu pensamento, tendo, todavia, posto mais ênfase na eugenia positiva. Contudo, é necessário entender melhor essa distinção, tendo em vista os avanços tecnológicos, que hoje permitem inúmeras possibilidades, tais como a inseminação apenas com "embriões sadios", a escolha do sexo da criança etc.

Assim, enquanto a eugenia positiva visa estimular a reprodução daqueles considerados portadores de genes "mais adaptados", a eugenia negativa busca evitar que aqueles que ostentam genes determinantes de qualidades consideradas "inferiores" gerem filhos. Dentre os considerados não adaptados, constavam aqueles que tinham doenças mentais, doenças hereditárias, além de indivíduos socialmente desfavorecidos, já que se supunha que poderiam ceder às futuras gerações suas propensões à pobreza e à criminalidade (FRANKS, 2005, 70). Inclusive, no início do século XX, como já se viu, houve o incentivo de medidas eugenistas negativas em todo o mundo, até mesmo no Brasil. Nesse contexto, aqueles que possuíssem enfermidades consideradas hereditárias não deveriam gerar prole, para que seus caracteres considerados disgênicos não se propagassem às gerações seguintes. Esse pensamento deu origem a inúmeras políticas de controle de natalidade em todo o mundo (FRANKS, 2005, 73).

Como se vê, há uma linha tênue separando as propostas eugênicas, incluindo aí as já utilizadas no passado, de políticas nitidamente discriminatórias. Em razão disso, torna-se necessária a perfeita compreensão do tema para que se estabeleçam sólidos limites que separem a aplicação racional de tecnologias que poderão trazer benefícios reais à humanidade do fomento de práticas que poderiam justificar discriminações e diversas outras implicações maléficas. Nossa proposta aqui está fortemente voltada à discussão desses limites.

Quanto à questão da diferença entre a eugenia positiva e a negativa, não se pode desconsiderar sua relevância. Isso porque a espécie de eugenia utilizada em uma determinada prática tem relação com aquilo que ela acarreta. Assim, a seleção eugênica positiva aponta para o fomento da reprodução dos mais favorecidos, o que, em uma perspectiva mais voltada para técnicas de edição genética, teria a ver com a inserção de genes considerados mais benéficos. Nesse diapasão, a eugenia negativa propõe que sejam limitadas as procriações dos seres considerados "disgênicos", ou seja, portadores de caracteres desfavoráveis. A aplicação da edição genética aos propósitos da eugenia negativa seria a retirada de genes desfavoráveis do genoma de um determinado indivíduo ou de sua linha genealógica futura.

Nas palavras de Carolina Fontes Vieira (2012, 256):

A eugenia positiva configura-se como uma série de medidas estatais que visam fomentar a procriação, o casamento e os relacionamentos entre pessoas consideradas geneticamente superiores. A eugenia negativa, ao contrário, consiste numa série de medidas estatais que visam eliminar, restringir ou mesmo impedir que os sujeitos considerados como geneticamente inferiores venham a dar seguimento a sua descendência.

Tanto uma quanto outra espécie de eugenia levam a questionamentos morais, analisados no campo da Bioética, especialmente no que tange às implicações trazidas pela eugenia positiva, que são nosso objeto de estudo, que analisa essas questões sob uma ótica principiológica.

Como já dito anteriormente, os objetivos da eugenia residem justamente no melhoramento da raça humana, contudo, de acordo com a abordagem, os objetivos mais específicos podem divergir, como ocorre em diferentes períodos históricos e em culturas diversas. Em geral, a proposta eugenista estava voltada à higienização da raça e a identidade biológica foi muito valorizada na Europa, que enxergava os mestiços e os portadores de enfermidades congênitas como degenerados. É importante destacar que, na Europa, especialmente na Alemanha, houve a consolidação de um pensamento mais radical, em que já não se falava apenas de uma eugenia positiva, voltada ao estímulo de matrimônios entre os considerados mais aptos, mas, a partir de 1920, de uma eugenia negativa, em que os considerados inadequados deveriam ser impedidos de se reproduzir (TEIXEIRA; SILVA, 2017, 68).

Nos Estados Unidos, leis que permitiam a esterilização de doentes mentais e leis de restrição à imigração deixavam clara a intenção de "proteger" a população norte-americana. Isso levou o país à adoção de políticas públicas e à produção legislativa voltadas à limitação da capacidade reprodutiva dos considerados degenerados. Como maior representante desse movimento, cita-se o geneticista Charles Davenport, que organizava os dados de caracteres disgênicos dos indivíduos, com o intuito de eliminação desses "defeitos" pela esterilização (TEIXEIRA; SILVA, 2017, 70).

Conquanto o Brasil tenha sido um país miscigenado desde seus primórdios, os propósitos eugênicos não se distanciaram de uma visão saneadora. Nesse sentido, a Sociedade Eugênica de São Paulo, em seu estatuto, previa como seus objetivos:

> 1.º) O estudo e a aplicação das questões da hereditariedade, descendência e evolução para a conservação e aperfeiçoamento da espécie;
> 2.º) O estudo e a aplicação das questões relativas à influência do meio, do estado econômico, da legislação, dos costumes, do valor das gerações sucessivas e sobre as aptidões físicas, intelectuais e morais;

3.º) O estudo das ciências que se relacionam com a Eugenia;
4.º) A divulgação entre o público de conhecimentos higiênicos e eugênicos, para o bem do indivíduo, da coletividade e das gerações futuras;
5.º) O estudo da regulamentação do meretrício;
6.º) Concorrer para o exame pré-nupcial dos nubentes (LUPPI, 2009, 6).

Esses objetivos estavam claramente voltados a atingir o maior número de indivíduos possível, tendo o discurso eugênico, por essa e outras razões, sido marcado por ideias preconceituosas. As chamadas "doenças sociais" eram tidas como problemas mais médicos do que de índole sociológica. Assim, para o médico eugenista Renato Kehl (1889-1974), o saneamento da população brasileira seria atingido quando fosse possível a eliminação dos degenerados. Assim, fica claro que uma postura segregacionista, eivada de preconceitos, foi adotada nos primeiros movimentos eugenistas, que surgiram no início do século XX. Por essa mesma razão, no entanto, após o holocausto, esses movimentos foram rechaçados, em virtude de servirem de fundamento a práticas racistas e separatistas.

1.1.2. O contexto histórico do surgimento do termo "eugenia"

Do ponto de vista científico, a eugenia não existiu até o século XIX. Não obstante relatos de sua prática empírica datarem dos tempos mais remotos, não se pode dizer que tenha havido antes um movimento organizado nesse sentido, ou mesmo pesquisas técnicas que dela tratassem. A própria noção de hereditariedade baseava-se exclusivamente na pura e simples observação da realidade.

Em um momento histórico em que a ciência tentava entender e explicar os fenômenos naturais, diversos cientistas apresentaram modelos classificando, categorizando e tentando decifrar os enigmas próprios das espécies vivas. Um exemplo foi o do naturalista Georges-Louis Leclerc (1707-1787), o Conde de Buffon, que defendia a "evolução degenerativa" e entendia que as espécies se degeneravam quando se afastavam de seu centro de origem. Para ele, a natureza não admitia a descontinuidade, e as diferenças entre as espécies eram mínimas, oriundas de degenerações dos seus antepassados, o que, inclusive, aplicava-se à espécie humana.

Por sua vez, o naturalista francês e pai da paleontologia, Georges Cuvier, cujo verdadeiro nome era Jean Leopold Nicolas Fréderic Cuvier (1769-1832), concluiu em suas análises fósseis que as espécies se extinguem, e, embora não tenha aventado a existência da evolução, seu trabalho serviu de substrato às teorias evolucionistas que surgiriam depois.

Jean-Baptiste Pierre Antoine de Monet (1744-1829), o Cavaleiro de Lamarck, estudando a coleção de moluscos do museu onde exercia suas atividades, constatou haver duas linhagens de seres: uma, as dos mais complexos, e outra, dos menos, a depender do tempo em que vinham sofrendo suas transformações, o que o levou a considerar certas ideias relacionadas com o evolucionismo. Diferentemente de Darwin, Lamarck não propôs uma teoria que explicasse a origem das espécies, visto que, para este, todos os animais se encontravam em diferentes níveis de transformação e, quanto mais complexo fosse o sistema, mais os animais atingiam altas posições na escala natural (DUARTE, 2010, 10).

Nesse contexto, Charles Darwin (1809-1882) escreve sua célebre obra *A origem das espécies*, evitando, contudo, afirmar inicialmente que o ser humano também poderia estar submetido às mesmas regras evolutivas que regem os outros seres vivos. Isso porque uma postura voltada a estender ao homem as regras evolutivas atribuídas aos animais e vegetais poderia constituir ofensa à dignidade daquele. Todavia, em obras posteriores, essa perspectiva naturalista foi estendida aos seres humanos (DARWIN, 2009).

Na sua obra *A descendência do homem e a seleção sexual*, menos conhecida que a mencionada *A origem das espécies*, Darwin (1982, 241-242) afirmou:

> Em dado período futuro, não muito distante quando medido em séculos, as raças humanas civilizadas irão certamente exterminar as raças selvagens e tomar o lugar por todo o mundo. Por essa altura, os macacos antropomorfos (...) serão sem sombra de dúvi-

da exterminados. A distinção entre o homem e seus aliados mais próximos será, então, mais larga, visto que irá intervir entre o homem num estado mais civilizado, como esperamos, e por essa altura o caucasiano, e alguns macacos inferiores como o babuíno, em vez do que é agora, entre o negro ou o australiano e o gorila.

Sem a pretensão de assumir posicionamentos, é prudente esclarecer que o excerto acima reproduzido, ao contrário do que alguns filósofos procuram insinuar, não denota um posicionamento racista, mas apenas científico, coerente com as posturas e entendimentos da época. Darwin tentou, na referida obra, explicar a razão pela qual espécies diferentes evoluíram de um ancestral comum, e o fez em consonância com o contexto histórico em que se encontrava. Seu pensamento influenciou Galton no que tange à criação de um sistema de ideias voltado à eugenia.

Darwin elaborou suas teorias após as viagens que realizou pelo mundo a bordo do navio *Beagle*. O biólogo analisou diversas espécies, enfocando seu estudo em pássaros encontrados nas ilhas que visitou. A princípio, os esboços publicados de sua teoria causaram grande alvoroço, além de fervorosas críticas. Todavia, devido às inconsistências nos seus estudos, que traziam objeções às teorias evolucionistas, as críticas, já a partir de 1870, passaram a ser aceitas por quase todos os naturalistas (DUARTE, 2010).

Merece destaque também, em função de sua relevância contextual, o trabalho de Gregor Mendel (1822-1884), considerado o pai da genética moderna, que, em 1865, descobriu as leis básicas da hereditariedade, fazendo experiências com ervilhas. Nesses estudos, Mendel demonstrou como as combinações de genes eram estabelecidas na reprodução e passadas às gerações seguintes. Suas descobertas foram receber maior valorização no século XX, mas exerceram influência no pensamento de Darwin e de seu primo, Francis Galton, este considerado o pai da eugenia (WILSON, 1998).

É importante destacar que a ideia da evolução das espécies é anterior a Darwin, mas sua popularização é a ele devida, não demorando para que esse pensamento deixasse de se aplicar somente aos animais e vegetais, estendendo-se ao homem, já que sua natureza não deveria fugir às regras da hereditariedade.

Essa lógica de extensão permearia todo o pensamento de Galton acerca da eugenia (SILVEIRA, 2016), e assim, partindo desse contexto, levaria-o a cunhar o termo "eugenia" (GALTON, 2001, 17), o qual carrega o significado de melhoramento biológico da raça humana por meio da seleção artificial. Esse conceito embasava-se no fenômeno da hereditariedade, que, de certo modo, já era compreendido, uma vez que a observação levava à compreensão de que caracteres dos filhos pareciam ser herdados dos pais. Embora de maneira vaga, a ideia de que os progenitores passavam adiante características suas fazia parte do senso comum, o que, com o advento do pensamento darwiniano, ganhou um viés mais científico.

Darwin discutiu a hereditariedade inicialmente se atendo apenas à transmissão de caracteres entre gerações de animais inferiores, mas, com o desenvolvimento de suas teses, passou também a considerar o fenômeno quanto ao homem em seus escritos. Em suas palavras: "Ademais, seguramente se transmitem gostos e hábitos particulares, a inteligência em geral, a coragem o bom e o mau temperamento etc." (DARWIN, 1982, 45).

O objetivo da menção de alguns contemporâneos de Galton reside na necessidade de se criar, ainda que de forma meramente exemplificativa, uma contextualização das discussões que ocorriam na época em que foi cunhado o termo "eugenia". Conquanto muitas obras sobre o nazismo a ele atribuam a criação dessa prática, durante o exercício de experimentos autoproclamadamente científicos, no período da Segunda Guerra Mundial, é certo que a eugenia, como "ciência da melhoria da raça humana", está atrelada às teorias de Darwin e, mais especificamente, ao trabalho de Galton.

O fato era que, até então, as características biológicas do homem vinham sendo negadas, de certa forma, pela comunidade científica. Todavia, a eugenia surgiu como conceito, trazendo a possibilidade de análise da hereditariedade do ser humano, com vistas à identificação dos melhores membros da espécie, estimulando-se assim a sua reprodução. Conquanto essa ideia já fosse comumente aplicada a animais, como cães e cavalos, o fomento à reprodução de indivíduos portadores de caracteres considerados mais favoráveis, assim como, em contrapartida, o desestímulo à reprodução dos que apresentassem caracteres degenerativos, não possuía aplicação claramente direcionada à espécie humana, pelo menos nesse cenário (GALTON, 2001). Os mecanismos de transmissão de caracteres por intermédio dos genes ainda não eram plenamente conhecidos pela ciência nesse período, embora Galton entendesse que a transmissão à prole das características não se deveria limitar a elementos físicos, mas se estenderia aos talentos intelectuais. Seu pensamento admitia a teoria da seleção natural, assim como abraçava as contribuições trazidas por outros autores.

Pode-se citar, nesse sentido, Herbert Spencer (1820-1903), que afirmou existir uma espécie de evolução teleológica em todo o universo. Conhecido como "o filósofo da evolução", o pensador vinha de uma família não conformista liberal, o que foi importante para a construção do seu sistema. A sua perspectiva de evolução estabelece que a complexidade dos sistemas vivos pressupõe interdependência das partes, sendo a evolução sinônimo de diversificação (BAIARDI, 2008).

Outro pensador cujo trabalho trouxe contribuições para o pensamento de Galton foi August Weismann (1834-1914). O biólogo concluiu que as mudanças sofridas pelo corpo durante a vida não são passadas às posteriores gerações por meio dos seus genes, ou seja, a eles não se incorporam. Esses trabalhos, além de outros aqui não mencionados, tiveram relevância por criar uma base sobre a qual Galton construiu seu sistema de pensamento.

Nesse sentido, a teoria proposta por Galton encontrava-se em perfeita concordância com o debate sobre a herança genética que se desenrolava em seu tempo. Como já mencionado anteriormente, suas ideias sustentavam a transmissão hereditária não só de caracteres físicos, mas também de talento e capacidade intelectual, e, para realizar suas pesquisas, o cientista criou um "laboratório antropométrico". Nesse laboratório, ele promoveu a análise de nove mil registros de famílias, durante dez anos (BOWLER, 2003).

1.1.3. Os estudos de Galton

A comunidade científica apresentou muitas opiniões acerca do projeto de Galton, e faz isso até os dias atuais, a favor ou contra suas proposições. Todavia, o impacto causado pelo seu trabalho facilitou a sua difusão, viabilizando a execução do seu projeto de análise estatística das gerações.

Essa análise de dados levou Francis Galton a concluir que características físicas e intelectuais poderiam ser transmitidas a gerações futuras, e que a tendência à prática de comportamentos reprováveis seguiria essa mesma lógica. Preguiça, criminalidade, alcoolismo, inteligência etc. poderiam ser características herdadas de gerações pretéritas. Muitas aptidões do homem seriam, assim, genéticas, e não apenas fruto da educação e da cultura em que se encontra inserido (STEPAN, 2005).

A eugenia, embora não tenha surgido nesse momento histórico, passaria a ter uma denominação própria e a ganhar contornos mais definidos. Isso porque, com o entendimento mais claro no sentido de que aptidões específicas poderiam ser passadas de geração em geração, casamentos criteriosos poderiam ser fomentados, da mesma forma que a reprodução entre indivíduos portadores de genes determinantes de caracteres mais inadequados deveria ser desestimulada.

Desse modo, os dados estatísticos coletados por Galton, assim como os resultados provenientes de sua análise, levaram-no a concluir que uma espécie de "seleção artificial", provocada pela sociedade, teria o condão de acelerar o aprimoramento genético que na natureza só ocorre muito vagarosamente. Isso porque suas investigações antropométricas propiciaram o registro e a análise de características humanas sob o ponto de vista de suas transmissões intergeracionais.

Tomando por base a explicação da hereditariedade feita por seu primo Darwin, Galton aventou a hipótese de que os organismos vivos produziriam "gêmulas", que circulariam até se fixarem aos órgãos reprodutivos, formando o embrião. Todavia, seus experimentos com transfusões sanguíneas, visando à comprovação dessa hipótese, falharam todos, razão pela qual ele passou a desenvolver sua própria teoria da hereditariedade (GALTON, 1871).

Foi assim que o pensamento de Galton passou a se distanciar das teorias propostas por Darwin. Além disso, várias críticas vinham sendo feitas a essas teorias, como, por exemplo, a falta dos chamados "elos perdidos" e a falta de uma explicação clara para a procedência e a natureza do sistema da hereditariedade. Outro problema parecia residir na necessidade de grande variedade entre os seres vivos pertencentes a uma população para que as leis de "uso e desuso" propostas por Darwin pudessem funcionar.

Os estudos de Galton baseavam-se na hereditariedade e nas estatísticas extraídas da análise de inventários e combinavam antropologia com biometria. Buscando a normatividade da fisiologia humana, a biometria, associada à quantificação, permitiu que Galton concluísse que genialidade e degeneração eram faces da hereditariedade e que quase tudo era transmitido adiante pela reprodução. Esse pensamento, todavia, serviu de base para justificar uma possível intervenção estatal no sentido de impedir casamentos e a reprodução daqueles que ostentassem genes "anormais", e mesmo trazer fundamento supostamente científico à esterilização em massa (SILVEIRA, 2016).

Os moldes propostos por Galton (1988) para a eugenia possuíam duas vertentes. Nesse sentido, a eugenia positiva teria como essência a educação matrimonial, ou seja, a criação de uma espécie de "consciência eugênica", voltada ao fomento dos casamentos entre indivíduos portadores dos melhores genes. De outro lado, estaria a "eugenia negativa", que consistiria na localização, com a posterior esterilização, daqueles que ostentassem genes considerados indesejáveis, impedindo-os de se reproduzirem e, por conseguinte, de transmitirem suas taras e defeitos a gerações posteriores.

1.1.4. A repercussão científica do pensamento de Galton

A perspectiva eugênica apresentada por Francis Galton rapidamente ganhou vários adeptos na Europa, incluindo médicos, literatos e filantropos, cujo desejo era lutar contra a degeneração da raça humana. Sucedeu-se assim uma enorme difusão da eugenia, em um contexto em que era propagado o pensamento cientificista. Surgia um movimento intelectual favorável à higienização eugênica, o que culminou com o aparecimento de leis de esterilização voltadas à melhoria da raça humana, em 1918, nos Estados Unidos, espalhando-se rapidamente essa tendência pela Europa (SILVEIRA, 2016). No Brasil, não foi diferente.

O médico e farmacêutico brasileiro Renato Kehl, que muito se dedicou ao estudo da eugenia, organizou um intenso movimento em que discutia medidas extremas, tais como a esterilização dos "degenerados" e um controle rígido da reprodução humana. Sua vasta obra incluiu diversos livros, dentre eles as suas famosas *Lições de eugenia*, publicadas em 1929.

A grande importância das novas ideias que se apresentaram nesse período residiu na mudança de paradigmas, passando-se do entendimento de que as características individualizantes provinham de forças vitais ou espirituais, educação etc. à constatação de que elas se transmitiam entre as gerações. Darwin buscou estender os princípios da seleção natural à espécie humana, o que levou seu primo Galton a cunhar o termo "eugenia", como acima exposto.

A pretensão galtoniana constituiu-se nos primeiros passos para a criação de uma ciência eugênica e exerceu influências nos chamados "biometristas", grupo voltado ao registro estatístico de ocorrências de caracteres em populações. Isso propiciou o abandono de uma postura meramente especulativa por parte da comunidade científica. A constatação de que habilidades e talentos se transmitem a futuras gerações pela reprodução, e não apenas caracteres físicos, foi capaz de romper as resistências que se opunham à evolução natural.

Não se pode negar que Francis Galton afirmou, especificamente no Congresso Demográfico de 1894, que se vinha verificando o que ele chamou de "decadência racial" inglesa (GALTON, 1988, 22). Para ele, os humanos, assim como os outros animais, também passaram por pressões seletivas, as quais estimulariam a manutenção de caracteres vantajosos, do mesmo modo que tiveram traços inferiores eliminados na luta pela sobrevivência.

Com a aceitação da extensão das leis hereditárias, que governam a natureza dos homens, incluindo-se não apenas os caracteres físicos, mas também talentos e defeitos, um novo horizonte de ideias se abriria. A análise das capacidades pertencentes ao indivíduo desde o seu nascimento permitiria uma possível elevação do nível da sociedade, pelo controle eugênico das reproduções (GALTON, 1906).

1.2. A preocupação com a melhora da raça humana na história

Como já afirmado anteriormente, a preocupação com a melhora da raça humana não é recente. Pensamentos nesse sentido permeiam toda a história da humanidade. Embora o termo "eugenia" tenha surgido há pouco tempo, a inquietude humana no que tange ao refinamento de suas qualidades vem de remotos períodos.

Do mesmo modo, diferentes culturas demonstraram, e ainda demonstram, por algumas de suas práticas, desejos claros no sentido de evitar a propagação de atributos indesejáveis através das gerações e de fomentar a perpetuação de caracteres considerados favoráveis.

1.2.1. A importância da menção da preocupação eugênica na história

Como se viu, a eugenia foi criada por Francis Galton no fim do século XIX. Sendo primo de Charles Darwin, e inserido no fervor científico em que se encontrava a Europa nesse período, Galton voltou-se para as pesquisas sobre hereditariedade, tendo feito muitas publicações sobre o assunto. Seu conceito, como já mencionado, provém do grego e significa algo como "hereditariamente dotado de nobres qualidades" (GALTON, 2001, 24).

Essa visão eugênica difundiu-se por toda a Europa e seguiu para além dela, chegando a vários outros países, como Estados Unidos, México, Argentina e mesmo ao Brasil. Não se pode deixar de mencionar, por óbvio, que a eugenia não era um movimento homogêneo, tendo apresentado versões específicas em cada país, cada uma dotada de caracteres e peculiaridades próprios. Todavia, há relatos históricos de práticas que podem ser consideradas eugênicas, realizadas muito antes desse período.

É certo que o homem, desde os tempos mais remotos, tem buscado dominar a natureza, partindo de um estado de harmonia com essa para o seu controle. E isso não se restringe à eugenia e nem mesmo às ciências naturais, uma vez que a construção de teses e teoremas científicos tentando explicar a natureza remonta à Antiguidade. Todavia, com a obra de Darwin, sugiram enormes mudanças acerca do papel da natureza na Biologia. Cita-se, nesse sentido, o historiador britânico Eric J. Hobsbawm (2010, 436), para quem o avanço científico e seus paradigmas sustentavam-se na:

> (...) descoberta de novos problemas, de novas maneiras de abordar os antigos, de novas maneiras de enfrentar ou solucionar os velhos problemas, de campos de investigação inteiramente novos, de novos instrumentos práticos e teóricos de investigação.

Sua preocupação reside justamente em entender certos mecanismos históricos com vistas a interpretar e prever tendências sociais futuras. E realmente não se pode bem compreender quaisquer problemas sociais sem que estejam contextualizados historicamente. Por esse motivo, interessa uma análise de cunho temporal acerca do tema.

A despeito de não ser a proposta deste livro estabelecer um estudo histórico aprofundado, é de bom tom trazer à tona fatos ocorridos em alguns momentos, nos quais preocupações que hoje seriam intituladas "eugênicas" fizeram-se presentes, o que inclui fatos da Antiguidade. Isso porque, a despeito de o surgimento do termo ter origem bem definida, deve-se destacar que o interesse em se melhorar a raça humana por meio de induções reprodutivas não surgiu em um momento específico. Contudo, essa tendência em querer controlar a natureza mostrou-se muito mais clara quanto a outras espécies, que não a humana. Alguns exemplos dessa prática serão apresentados a seguir.

1.2.2. A seleção artificial em espécies não humanas

Desde os tempos mais remotos, o homem vem promovendo um movimento a que se convencionou chamar "seleção artificial", por intermédio do qual provoca o cruzamento de espécies não humanas com o intuito de realizar a sua melhoria. Conforme relatos bíblicos, já muitos anos antes de Cristo, o homem passou a interferir no processo evolutivo de espécies de gado quando veio a domesticá-las. Ao mencionar no livro de Gênesis (30,30-43) a separação de gado, em animais negros e malhados, fica constatada a intenção de evitar o cruzamento e a perda da pureza das raças (ROSA; MENEZES; EGITO, 2013, 12-13). As interferências do homem na procriação de outras raças eram realizadas por meio do cruzamento de animais portadores das características consideradas mais favoráveis, ou seja, baseadas em variabilidade fenotípica. O fenótipo é a manifestação do genótipo, as características visíveis daquilo que está desenhado no código genético do indivíduo. Assim, com base no que eram considerados caracteres positivos, era empreendido o estímulo às reproduções.

Uma vez que somente a partir do século XIX, com base nos importantes estudos de cientistas como Gregor Mendel, Charles Darwin e Francis Galton, dentre outros, passou-se a compreender o funcionamento da herança genética, a seleção artificial baseava-se apenas na observação do resultado das reproduções estimuladas. Desse modo, os animais domésticos foram, aos poucos, perdendo as características que tinham na natureza (SANS, 2018, 2-3).

Por efeito das intervenções humanas, o fluxo gênico natural foi gradualmente perdendo o curso que costumava tomar. Esse processo, é bom esclarecer, trouxe consigo alguns impactos negativos, como a redução da expectativa de vida das raças modificadas e a erosão gênica, que consiste na diminuição da diversidade genética dentro das populações (BRAMMER, 2002). Ademais, cabe ressaltar que a seleção das espécies artificialmente provocada pela intenção humana não se restringiu a animais, tendo sido também fortemente implementada em plantas. Darwin refletiu sobre esse assunto, abordando tanto espécies animais quanto vegetais, conforme se depreende facilmente do excerto abaixo, em que fala da seleção inconsciente:

> No caso da maior parte dos nossos animais e plantas que foram domesticados na antiguidade, não é possível concluir se derivam de uma ou mais espécies selvagens. O argumento principal daqueles que creem na origem múltipla dos animais domésticos recai sobre o fato de encontrarmos, desde os tempos mais remotos – nos monumentos do Egito e nas habitações lacustres da

Suíça –, uma grande diversidade de raças, e de muitas delas se assemelharem àquelas que ainda existem. Mas isto apenas nos faz recuar na história da civilização, e mostra que os animais começaram a ser domesticados num período muito anterior ao que até aqui supúnhamos. Os habitantes das cidades lacustres da Suíça cultivavam diversas espécies de trigo e de cevada, ervilhas, e papoulas para extraírem óleo e cânhamo; possuíam vários animais domésticos; e também tinham relações comerciais com outras nações (DARWIN, 2009, 40).

Nesse sentido, aqueles que se dedicavam à criação de animais ou ao cultivo de espécies vegetais entendiam perfeitamente como era possível gerar boas proles, ou plantas mais propensas a produzir bons frutos, apenas fomentando suas reproduções. No caso dos animais, bastava que cruzassem os indivíduos portadores das melhores características; enquanto no dos vegetais executava-se o plantio dos espécimes que produziam os melhores frutos, mais doces e resistentes a pragas, assim como dos que geravam as folhagens mais exuberantes. Àqueles que portassem características desfavoráveis não era dada a oportunidade de reprodução.

É bom lembrar que, mesmo no momento atual, em que se conhecem técnicas de modificação genotípica muito avançadas, ainda se pratica a seleção artificial por escolhas reprodutivas. Abaixo, segue um trecho extraído de reportagem do Jornal Nexo, no qual se discute a forma como as grandes redes de *fast-food* tratam os frangos de corte consumidos em seus restaurantes.

> Com a seleção artificial, produtores podem escolher linhagens que levam menos dias para atingir o peso de abate. Em vez dos 52 ideais, em 42 dias já é possível completar o processo. Isso, no entanto, deixa os frangos mais propensos a problemas de saúde, como quebrar as pernas (NOVELLI TU, 2020).

Como se infere desse trecho, os criadores de animais de corte, neste caso específico, de frangos, estimulam a reprodução de animais que se desenvolvem mais rapidamente visando reduzir o tempo para o abate. Isso, como demonstra a experiência, é causa de redução da saúde dos indivíduos. Em uma perspectiva voltada a longo prazo, constata-se que os indivíduos que completam o ponto para abate mais rapidamente não se reproduzem, o que os leva a se tornarem mais escassos na natureza. Isso comprova que o homem interfere drasticamente na história natural, isso desde os tempos imemoriais.

Acrescente-se que várias outras espécies foram modificadas pela seleção artificial promovida pelos interesses humanos. Um grande exemplo é o do trigo. As variedades contemporâneas do cereal, não fosse a ação do *homo sapiens*, simplesmente não existiriam: os ancestrais dos humanos, caçadores-coletores, que viviam no fim da era glacial, alimentavam-se predominantemente de carne e frutas; no entanto, por observar a alimentação de animais que ingeriam as gramíneas, aqueles povos resolveram introduzir suas sementes ao cardápio, visto que combinavam com a carne. A coleta, escolha e transporte dos grãos favoreceram a disseminação dessas plantas. Além disso, as sociedades da época, até então nômades, passaram a montar acampamentos nas regiões mais abundantes em trigo, e a remover as árvores ao redor, o que fez com que as então gramíneas se alastrassem, já que não tinham concorrência.

Tendo levado os humanos a viver de forma sedentária, percebe-se que o trigo foi responsável pela modificação de seus hábitos. No entanto, o trigo foi modificado pelo homem, que, sem ter qualquer conhecimento de genética, descobriu que poderia semear e passou a fazê-lo. Posteriormente, começou a escolher os melhores grãos para realizar o plantio, o que fez com que o trigo passasse por uma seleção artificial e se tornasse cada vez mais parecido com o que hoje se conhece (VEIGA, 2019). Esse processo, como será visto adiante, ocorreu também em relação à espécie humana, tendo sido, pelo menos, alvo de cogitação em diversos momentos da história.

Alguns relatos de episódios históricos em que se demonstrou existir uma tendência ao estímulo de nascimentos de crianças robustas e saudáveis serão abordados a seguir. Da mesma maneira, tentava-se evitar que as mulheres dessem à luz bebês com tendências a compleições físicas mais fragilizadas. Um exemplo interessante dessas ocorrências deu-se na cidade-Estado grega de Esparta.

1.2.3. A formação dos guerreiros de Esparta

Esparta foi a maior potência militar da Grécia antiga. Localizada às margens do rio Eurotas e cercada por montanhas, sua população originou-se de indivíduos aqueus, que foram substituídos posteriormente pelos dórios, povo de índole belicosa. Essa cidade-Estado tornou-se uma grande potência militar e seu povo, desde jovem, era educado e treinado para os campos de guerra (PALMA, 2006); por isso, crianças nascidas com deficiências eram mortas. Havia, nesse contexto específico, um padrão formado por características consideradas superiores, e quem não se enquadrasse nesse modelo não serviria como um bom guerreiro. Os espartanos deveriam se emoldurar naquele ideal de homem robusto, belo e inteligente (KEHL, 1929).

Nesse cenário, o médico e eugenista brasileiro Renato Kehl, correligionário das ideias de Francis Galton e defendendo medidas eugênicas extremas para uma melhoria genética em âmbito brasileiro, afirmou que os espartanos, ao atirarem crianças ao rio Eurotas, estavam fazendo seleção humana (KEHL, 1937).

Para Kehl, o legislador Licurgo era um exemplo de como havia traços da prática de ações voltadas à melhoria da raça já na Grécia antiga. Isso já demonstrava existir um desejo eugênico muito antes de Galton cunhar o termo "eugenia", usado até os dias atuais. De acordo com o autor:

> Licurgo, legislador de Esparta, foi o campeão da obra selecionadora, a avaliar pelo seu capricho obstinado e selvagem, porque determinava fossem lançadas ao Eurotas as pobres e infelizes crianças cuja sorte lhes ditara a má sina de virem ao mundo raquíticas e degeneradas. Esse tirano, que viveu no nono século antes da era cristã, não concebia a existência de entes cacogênicos que viessem perpetuar a sua monstruosidade, fealdade ou doença. O Eurotas era o remédio radical contra a degeneração – o túmulo da anormalidade (KEHL, 1937, 8).

Todavia, não somente os bebês portadores de traços indesejáveis eram atirados ao aludido rio, mas também os estrangeiros eram submetidos a controle imigratório. Até mesmo os atenienses eram alvo da preocupação que os espartanos tinham com relação à conservação da pureza de seus caracteres físicos e morais. Assim, a imigração era vista de maneira seletiva pelos espartanos, que se mostravam mais favoráveis a receber alguns imigrantes do que outros, estabelecendo restrições quanto a essa prática (KEHL, 1929, 9). Desse modo, a formação de um povo talhado para a guerra, que demandava que seus homens possuíssem uma compleição física avantajada, levou à prática de uma forma de eugenia que, embora primitiva, não pode deixar de ser mencionada. Donos de um forte sentimento de orgulho e patriotismo, os espartanos ostentavam vestimentas imponentes e eram capazes de atirar suas crianças de penhascos caso essas fossem portadoras de caracteres indesejáveis, como já mencionado.

Em Esparta, também o poder político tinha caráter hereditário, já que vigorava uma monarquia em que os reis provinham de duas famílias: dos Ágidas e dos Euripôntidas. O "Conselho dos Anciãos" prestava auxílio aos reis e os habitantes que não tinham origem dória eram vistos pelos cidadãos espartanos como de menor categoria, tal era o sentimento de honra pela ancestralidade que possuía esse povo. Todavia, isso não os levava a permitir que alguém, mesmo descendente de espartanos, fosse mantido vivo caso nascesse portando deficiências (PALMA, 2006, 5).

À prática espartana de descartar crianças defeituosas dá-se o nome de "eugenia negativa". Como será visto detalhadamente adiante, essa espécie de eugenia consiste em se retirar o gene defeituoso, ou seu portador, reduzindo o número de pessoas portadoras dos defeitos que dele se originam. A eugenia negativa difere da positiva, que sugere o estímulo à reprodução de pessoas que portem os melhores genes (SOUZA, 2006).

Assim, ainda que de forma acanhada, tem-se um exemplo de exercício de ações que, no entendimento atual, seriam claramente voltadas para a seleção humana. Além disso, não foi adotada pelos espartanos apenas a eugenia negativa, uma vez que ocorria o estímulo à geração de filhos por mulheres mais robustas e saudáveis (KEHL, 1929, 8).

O desejo dos espartanos pelo combate e o valor que davam a atributos como a coragem faziam com que o homem ideal exibisse particularidades que fossem comuns aos seus compatriotas, diferenciando-os dos estrangeiros. Não à toa os espartanos foram levados a adotar as medidas descritas e isso faz deles bons exemplos históricos, mas não os únicos.

A seguir, mostraremos como o filósofo ateniense Platão (428-348 a.C.) também já adotava pensamento voltado à eugenia.

1.2.4. A eugenia em A República, de Platão

Se, com relação aos espartanos e a sociedades mais primitivas, o estudo de suas características e do seu direito mostra-se dificultoso, devido ao fato de o conhecimento ser passado de geração em geração, a situação não parece diversa no que tange aos demais povos da Grécia antiga. Todavia, quanto a Atenas, cidade-Estado grega, houve uma fase muito bem documentada em que se destacaram os estudos de grandes filósofos, como Platão.

Por essa razão, torna-se mais fácil comprovar-se que, nessa época, ainda que de forma tímida e embrionária, o homem já demonstrava se preocupar com a seleção da raça humana, que deveria ser promovida por algumas práticas que hoje são consideradas eugênicas. Nesse sentido, Platão, ao tratar de assuntos relativos ao governo das cidades, à justiça, às classes sociais e mesmo à poesia, criticando esta última, não se abstém de mencionar a seleção humana.

Em *A República*, datada do século IV a.C., busca-se um modelo ideal de administração das cidades. O livro consiste na narração de um diálogo entre Sócrates – personagem principal – com Glauco, Adimanto, Polemarco, Nicerato, Trasímaco, Lísias e Céfalo. Nela, o pensamento do filósofo voltado à procriação da comunidade com intenção eugênica manifesta-se diversas vezes. É interessante relembrar que os assuntos tratados nos diálogos eram de profundo conteúdo filosófico e abordavam temas como justiça e injustiça, habilidades de governantes, argumentação, virtudes etc., sendo uma obra extensa e dotada de grande profundidade.

Platão expressa claramente ideias de cunho eugênico, não obstante o termo "eugenia", como já afirmado, ainda não ter sido inventado. A seguir, é reproduzido um trecho de diálogo que corrobora essa afirmação:

> Sócrates – Mas como serão os mais vantajosos, Glauco? Vejo na tua casa cães de caça e um grande número de nobres aves. Por Zeus! Prestaste alguma atenção às suas uniões e à maneira como procriam?
> Glauco – Que queres dizer?
> Sócrates – Em primeiro lugar, entre esses animais, embora todos sejam de boa raça, não existem aqueles que são ou se tornam superiores aos outros?
> Glauco – Existem.
> Sócrates – Pretendes ter filhotes de todos ou só te interessa ter dos melhores?
> Glauco – Dos melhores.
> Sócrates – Dos mais novos, dos mais velhos ou dos que estão na flor da idade?
> Glauco – Dos que estão na flor da idade.
> Sócrates – E não crês que, se a procriação não se realizasse dessa maneira, a raça dos teus cães e das tuas aves degeneraria muito?
> Glauco – É verdade.
> Sócrates – Mas qual é a tua opinião sobre os cavalos e os outros animais? O que acontece com eles é diferente?
> Glauco – Não. Pois seria absurdo.
> Sócrates – Meu caro amigo! De que extraordinária superioridade deverão ser possuidores os nossos líderes, se o mesmo se passar em relação à raça humana (PLATÃO, 2017, 212).

Pela leitura do excerto transcrito, pode-se aduzir o posicionamento do grande filósofo grego, no sentido de que deve haver estímulo ao fortalecimento da raça humana, por meio de fomento reprodutivo. Mais adiante, no mesmo diálogo:

> Sócrates – De acordo com os nossos princípios, é necessário tornar as relações muito frequentes entre os homens e as mulheres de elite, e, ao contrário, bastante raras entre os indivíduos inferiores de um e outro sexo; além do mais, é necessário educar os filhos dos primeiros, e não os dos segundos, se quisermos que o rebanho atinja a mais elevada perfeição: e todas estas medidas deverão manter-se secretas, salvo para os magistrados, a

fim de que, tanto quanto possível, a discórdia não se insinue entre os guerreiros.
Glauco - Muito bem.
Sócrates - Assim, proporcionaremos festividades onde reuniremos noivos e noivas, com acompanhamento de sacrifícios e hinos, que os nossos poetas comporão em honra dos casamentos celebrados. A respeito do número de casamentos, deixaremos aos magistrados a incumbência de fixá-lo, de forma que mantenham o mesmo número de homens - tendo em conta as perdas causadas pela guerra, as doenças e outros acidentes - e que a nossa cidade, na medida do possível, não aumente nem diminua (PLATÃO, 2017, 213).

Não resta assim qualquer dúvida quanto ao fato de já se pensar, mesmo na antiguidade, na melhoria da espécie humana. Isso também se demonstra na obra *Política*, de Aristóteles.

1.2.5. A eugenia na *Política*, de Aristóteles

Aristóteles (384-322 a.C.), filósofo do período clássico grego e discípulo de Platão, redigiu extensa obra, que influenciou muitos outros filósofos e estabeleceu a valorização do homem como um ser comunitário. Seu pensamento valoriza o pertencimento social e defende a insuficiência de uma vida isolada. Assim, sendo o homem um ser essencialmente social, não atingiria felicidade no isolamento (RAMOS, 2014).

Para Aristóteles, portanto, o homem é um ser político, e, no seu entender, correspondem a ética à moral individual e a política à moral do ponto de vista social. Todavia, seu pensamento mostrava um lado discriminatório, no qual defendia a escravidão, a submissão das mulheres aos homens, assim como a regulação dos nascimentos e a eugenia. Nesse ponto específico, não diverge daquilo defendido por Platão, como ocorreu em diversos outros assuntos. Em suma, o homem, não obstante livre, não deveria comportar-se ao seu bel-prazer. Disso decorreria a necessidade de uma educação desde o berço, ensejando a justificação da prática da eugenia. O filósofo admitia claramente que algumas pessoas nasciam com qualidades superiores às de outras, o que levava ao domínio das primeiras sobre as segundas. Nesse sentido:

O menos bom está sempre subordinado ao melhor por sua destinação. Observa-se isto tanto nas obras de arte quanto nas da natureza. Ora, a parte que goza da razão é sem dúvida a melhor. Segundo nosso sistema, esta parte se subdivide em duas outras: a parte ativa e a parte contemplativa. Ora, os atos devem corresponder a suas faculdades e seguir a mesma divisão. Aqueles que provêm da parte mais excelente são, por conseguinte, preferíveis, quer os comparemos em bloco, quer o confronto se faça de um por um (ARISTÓTELES, 2001, 32).

Segue então afirmando que é papel do legislador buscar o melhor na elaboração de suas leis. A preocupação com a educação das crianças é frequentemente expressada pelo filósofo. Além disso, ele fala da melhor idade para homens e mulheres procriarem, respectivamente, trinta e sete e dezoito anos, assim como menciona o inverno como a melhor estação do ano. Isso, por si só, já confirma sua postura eugenista (ARISTÓTELES, 2001, 51).

Do mesmo modo, Aristóteles incentivou a busca por orientações médicas acerca do melhor momento para o ato sexual. Ele acreditava também haver certas características mais favoráveis à procriação. No mesmo sentido:

> Ademais, cabe à pedonômica prescrever que compleições mais convêm à geração. Basta, aqui, dizer uma palavra. Diremos somente que a compleição atlética não é útil nem à saúde, nem à geração, nem aos empregos civis; o mesmo ocorre com os corpos fracos, acostumados ao regime médico. É preciso um bom meio, uma compleição, por exemplo, não habituada aos trabalhos violentos demais, nem de uma mesma espécie, tais como os exercícios dos campeões, mas sim variados como as ocupações dos homens livres. Isto vale para os dois sexos (ARISTÓTELES, 2001, 52).

O termo "pedonômica" significa "aquilo relativo à pedonomia", sendo esta última definida como "conjunto dos preceitos sobre a instrução primária", conforme afirma o *Dicionário online de português* (2020).

O que se depreende claramente do excerto é a postura eugenista de Aristóteles. Esse pensamento pode ser encontrado em outros trechos de sua obra, como, por exemplo, quando aborda os cuidados durante a gestação, e recomenda que, assim como no caso de pessoas muito jovens, as mais velhas não se disponham a procriar (ARISTÓTELES, 2001, 52).

Um outro ponto que deve ser lembrado é aquele em que Aristóteles afirma que não se deve permitir o nascimento de crianças defeituosas, como se pode deduzir da leitura da passagem a seguir:

> Sobre o destino das crianças recém-nascidas, deve haver uma lei que decida os que serão expostos e os que serão criados. Não seja permitido criar nenhuma que nasça mutilada, isto é, sem algum de seus membros; determine-se, pelo menos, para evitar a sobrecarga do número excessivo, se não for permitido pelas leis do país abandoná-los, até que número de filhos se pode ter e se faça abortarem as mães antes que seu fruto tenha sentimento e vida, pois é nisto que se distingue a supressão perdoável da que é atroz (ARISTÓTELES, 2001, 52).

Conforme se nota, ideias eugênicas não são recentes, tendo aparecido mesmo antes de Francis Galton. Do mesmo modo, posturas que demonstram a preocupação com a melhoria da espécie permeiam outras culturas, como ocorre com os indígenas. A seguir, será feita uma breve abordagem relativamente aos "infanticídios" cometidos por algumas etnias do Xingu, que até os dias de hoje enterram crianças vivas.

1.2.6. O infanticídio em comunidades indígenas

Ao costume dos indígenas americanos de sacrificarem crianças, muitos nomes são dados, podendo ser citados "infanticídio indígena", homicídio, interditos de vida, ou mesmo sacrifícios de crianças (CAMACHO, 2017, 59). Dentre esses, o termo "infanticídio indígena" é bastante difundido e, por isso, será utilizado no presente tópico, embora se entenda que se trata de uma nomenclatura inapropriada, uma vez que o Código Penal pátrio define o infanticídio, em seu artigo 123, como sendo o ato de a mãe "matar, sob a influência do estado puerperal, o próprio filho, durante o parto ou logo após". O tipo penal apenas admite, para que se configure o infanticídio, como sujeito ativo, a mãe, além de exigir que essa esteja nas condições físicas e psíquicas causadas pelo pós-parto (BRASIL, 1940).

Nesse sentido, o termo "infanticídio", conquanto não pareça o mais apropriado, será aqui empregado pelo fato de ser frequentemente adotado em diversas obras e artigos sobre o tema.

Já foi mencionada a prática de eliminação de crianças defeituosas na Antiguidade, bem como a defesa dessa prática por grandes filósofos. Todavia, não se trata de algo que se restrinja ao passado. Ainda há tribos indígenas, inclusive no Brasil, que exterminam crianças defeituosas, realidade que vem sendo objeto de profunda discussão jurídica e política.

O "infanticídio indígena" é um ato presente na cultura de certas tribos, dando azo a intensos debates. Isso porque se, de um lado, o sentimento do homem contemporâneo ocidental orienta-se no sentido de se abolir essa prática, ainda que possa apoiar outras formas de eugenia, o sacrifício infantil é reflexo dos costumes de algumas etnias e, consequentemente, objeto de proteção.

Se, a partir do século IV, as leis canônicas – surgidas na Europa como códigos de conduta a serem seguidos pelos católicos – afastaram a prática do infanticídio por violar as leis da natureza, e que era até então comum, ou, pelo menos, tolerável, o mesmo não ocorreu com relação aos indígenas, os quais, isolados em suas culturas, não estiveram tão abertos à influência de outras sociedades. Como o bem comum é geralmente priorizado em muitas etnias, em detrimento do bem-estar individual, as tradições orientam as tribos a descartar suas crianças defeituosas (CAMACHO, 2017, 67).

Nas palavras da professora Maíra de Paula Barreto (2008, 121):

> Faz parte da tradição cultural de algumas das tribos indígenas brasileiras a rejeição de crianças portadoras de alguma deficiência (algumas etnias incluem gêmeos e filhos de mães solteiras). Na maioria das vezes, ocorre o homicídio destas crianças. Porém, apesar de se tratar de uma antiga tradição cultural, isso não impede que os pais sofram ao cometerem este ato. Alguns

se suicidam logo após, por não suportarem a tristeza e a depressão; outros resistem às pressões e se negam a praticar o ato.

A forte carga emocional que essas tradições contêm, por sua ligação com um sentimento místico, faz com que os indígenas enxerguem as crianças portadoras de anomalias como indicadoras de maus presságios. Além disso, há etnias que, no caso de gêmeos, sacrificam um deles, deixando que apenas o outro sobreviva (CAMACHO, 2017, 69-73).

Questiona-se a necessidade de que esses atos sejam coibidos, em vista do princípio da preservação das culturas ameríndias. Isso porque, embora a prática pareça inaceitável, o direito estatal protege a cultura nativa dessas tribos. Por outro lado, o direito à vida, de suma relevância para o ordenamento, não pode ser simplesmente deixado de lado (CAMACHO, 2017, 143).

Contudo, por não constituir objeto de nossa obra, não realizaremos maiores considerações acerca dessa discussão; mencionamo-la apenas a título de contextualização e enriquecimento. Assim, não se aprofundará a polêmica que envolve, de um lado, o reconhecimento das culturas nativas com a aceitação de que mantenham suas diferenças, e, de outro, o respeito ao direito à vida, direito de maior relevância para o ser humano. Isso porque a menção ao "infanticídio" indígena foi feita apenas com o intuito de se apresentar mais um exemplo da preocupação eugenista natural do ser humano.

A razão de alguns povos indígenas ainda manterem esses hábitos é o fato de não haverem abandonado costumes enraizados, tendo em consideração seu forte apego à manutenção de laços com os ancestrais. Assim, o "infanticídio" indígena é aceito eticamente pelo grupo em certas circunstâncias, que incluem o nascimento de crianças defeituosas. Geralmente a mãe vai à mata sozinha na ocasião do parto e, se não retorna com a criança, não se toca mais no assunto, presumindo-se que esta nasceu defeituosa e foi por aquela sacrificada.

Essa é a razão pela qual são praticamente ausentes, entre indígenas, pessoas portadoras de deficiências de nascença. Conquanto motivações relacionadas a crenças místicas sejam usadas para justificar a prática, é claro que aos indígenas não são bem-vindas as crianças portadoras de alguma deformidade, que tornariam ainda mais difícil a sobrevivência do grupo e poderiam perpetuar a deficiência que carregam a gerações futuras.

Não resta qualquer dúvida quanto ao fato de que as mães e parentes, além de outros membros da tribo, sofrem a perda dessas crianças. Contudo, o "infanticídio" indígena era e continua sendo realizado, o que demonstra o quanto a preocupação com a pureza de uma raça pode se sobrepor aos sentimentos de humanidade, mesmo que essa "pureza" possua um senso atrelado ao misticismo (CIRINO, 2019).

Nesse sentido, foram apresentados vários exemplos de situações presentes em contextos de culturas e em diferentes momentos históricos, que manifestamente demonstram como o homem tende a preocupar-se com a melhora da sua própria espécie. Mais recentemente, pensemos no início do século XX, os movimentos a favor da eugenia culminam nas práticas nazistas que, em busca do que entendiam ser a "raça pura", ou seja, a raça ariana, desencadearam o cometimento de grandes atrocidades.

1.2.7. A eugenia no século XX

Tendo por base o modelo proposto por Francis Galton, na segunda metade do século XIX, a eugenia foi recepcionada como um movimento científico, tendo sido associada à genética e à evolução. Surgiram então, nesse período, movimentos voltados para o controle social. Conquanto o tema seja menosprezado, especialmente em razão de ter servido de fundamento para atos racistas e discriminatórios, não se pode negar a sua relevância, já que, com a evolução da engenharia genética, ressurge a necessidade de sua discussão (STEPAN, 2004).

Como já se viu, pensamentos de índole eugenista não surgiram com Galton, que com suas pesquisas e seus estudos deu a essa preocupação um contorno mais científico.

Um outro exemplo a ser mencionado, anterior a Galton, além daqueles já abordados, foi o pensamento do filósofo e poeta italiano Tommaso Campanella, que, no ano de 1623, em *A cidade do sol*, sua principal obra, idealizou uma cidade utópica na qual apenas uma elite socialmente privilegiada deveria ter o direito de procriar. O filósofo afirmava que concúbitos advindos de uniões inconvenientes deveriam ser evitados (CAMPANELLA, 2022).

Após Galton, mais precisamente no início do século XX, a eugenia passou a ser seriamente estudada, e uma visão mais naturalista da ciência foi adotada. No período situado entre as duas grandes guerras mundiais, diversos debates envolvendo questões jurídicas e médicas foram realizados em congressos que abordavam o que chamaram "aprimoramento eugênico". Isso levou à criação de cursos de genética na América Latina (STEPAN, 2004, 333).

Cientistas sociais e eugenistas passaram a se ocupar com a transmissão entre gerações de características comportamentais, inteligência e condutas desviantes. Esses debates, contudo, não ficaram adstritos a laboratórios, como ocorreu na época de Galton, Darwin ou mesmo do geneticista Gregor Mendel. Ao contrário, ganharam relevância entre pensadores de todo o mundo. Nesse sentido, países escandinavos, europeus, americanos e asiáticos aderiram ao movimento cultural, assim como grandes cientistas, como o zoologista Charles B. Davenport (1866-1944) e o geneticista ganhador do Prêmio Nobel Edward M. East (1879-1938), ambos apoiadores desse princípio (WILSON, 1998).

No que tange à América Latina, há estudos no sentido de que as ideologias eugenistas se distanciaram ligeiramente daquelas que motivaram práticas nazistas. Tendo sido o Brasil, assim como outros países latino-americanos, destino de grandes correntes migratórias e local de população mestiça, fatores que os padrões europeus consideravam extremamente "disgênicos", seu movimento eugenista teve suas próprias peculiaridades (STEPAN, 2004, 334-335). Por sua vez, nos Estados Unidos, Charles Davenport, diretor da estação de estudos biológicos Station for Experimental Study of Evolution, à época, supervisionava o Eugenics Record Office (ERO). Essa agência possuía várias missões, dentre as quais a de arquivar dados contendo informações voltadas a questões eugênicas. Nas primeiras décadas do século XX, muitas pesquisas e congressos foram realizados e, com o advento da supremacia dos Estados Unidos capitalista, que ganhou força após a Primeira Guerra Mundial, caracteres presentes no ser humano, considerados indesejáveis, passaram a ser rechaçados.

Certas afirmações, como a de que imigrantes compunham a maior contingência em presídios e tinham mentes mais "débeis", ou listagens de indivíduos com características como cegueira, epilepsia, deformidades, pobreza etc., levaram à instituição da nova Lei de Imigração de 1924, nos Estados Unidos. Essa lei empreendia, além do controle de imigração, medidas de controle reprodutivo e 3.200 pessoas declararam terem sido involuntariamente esterilizadas no ano de 1922, antes ainda da aprovação da nova lei.

Sentimentos de base antieugenista, todavia, surgiram no país já a partir de 1910, com base em princípios cristãos. No entanto, os Estados Unidos começaram a demonstrar inquietação com a eugenia quando a Alemanha nazista passou a defender a construção da nova raça ariana, propondo, para isso, a eliminação de judeus e de outros representantes da população não ariana. Por fim, no ano de 1939, o ERO foi oficialmente extinto e a eugenia passou a ser estigmatizada nos Estados Unidos após a Segunda Guerra Mundial, em função das brutalidades cometidas em nome de ideais de melhoramento da espécie humana (WILSON, 1998).

No contexto da realidade brasileira, o sentimento eugenista foi influenciado, no início do século XX, por um ideal nacionalista, que buscava copiar padrões europeus, considerados "mais civilizados". Um otimismo voltado à regeneração social invadiu o país, que, devido à recente abolição da escravidão, encontrava-se tomado pela pobreza e pelo desemprego. Isso porque os escravos libertos foram atirados à sua própria sorte e juntavam-se aos imigrantes, que, desempregados, viviam muitas vezes nas ruas, promovendo greves e outras formas de revoltas (STEPAN, 2004, 335-337). Nesse período, diversas medidas eugenistas de cunho negativo foram incentivadas em vários países do mundo. A proposta seria que se impedissem que casais portadores de doenças transmissíveis geneticamente pudessem se reproduzir. Especialmente na América, o que inclui o Brasil, propostas voltadas a restrições reprodutivas foram implementadas, como políticas de controle de natalidade daqueles que possuíssem caracteres genéticos considerados inferiores (FRANKS, 2005, 73).

Campanhas sanitárias, como o saneamento contra a varíola e a peste bubônica, entre 1902 e 1907, fizeram com que o interesse em ciências voltadas aos ideais de saúde crescesse significativamente. Além disso, no Brasil esse sentimento vinha sendo permeado por questionamentos da elite intelectual a respeito de sua identidade racial. Sendo o Brasil dependente, seus ideais inspiravam-se nos europeus, que viam os traços e as características predominantes em regiões tropicais como degenerados. Foi esse o cenário no qual o Movimento Eugênico ergueu-se, tendo durado de 1917 a 1929.

Esse movimento, cujo líder foi o farmacêutico, médico e escritor Renato Ferraz Kehl, levou à criação da Sociedade Eugênica de São Paulo em 1918, constituída por 140 membros e que se autoproclamava uma organização científica. Seu objetivo era internalizar no país os avanços eugênicos europeus. No entanto, o movimento que fomentava a eugenia, chamada de "nova ciência", não demonstrou força capaz de criar uma sociedade eugênica em nível nacional. Importantes publicações, incluindo livros e panfletos, além da organização de muitos debates, congressos e conferências, foram realizados no período, envolvendo temas relativos à psiquiatria, à medicina legal, ao matrimônio, à imigração, às doenças venéreas e congênitas etc.

O modelo de eugenia brasileira era de cunho saneador, possuindo uma perspectiva que não diferenciava natureza e cultura, por assentar-se em uma base lamarckiana. O advento do Estado Novo, na década de 1930, não seguiu contrariamente ao movimento eugênico, tendo este se adequado àquele, com seus ideais nacionalistas e voltados às causas sociais. Posteriormente, o movimento perdeu sua força, especialmente após a publicação da obra *Casa-grande e senzala*, por Gilberto Freyre, em 1933, em que o autor passa a defender uma espécie de harmonia racial no Brasil e manifesta ideias antirracistas (STEPAN, 2004). Além disso, uma visão pós-nazista, adotada alguns anos depois, representou uma forma de pensar mais voltada para premissas igualitárias, em que se passou a rechaçar a superioridade de alguma raça.

Não obstante o movimento eugenista inaugurado no início do século XIX ter sido extinto e o pensamento voltado à melhoria da raça humana haver passado a ser visto com preconceito, devido à sua potencialidade para constituir justificativa a práticas racistas, uma nova abordagem eugenista surgiu posteriormente. Foi a chamada "nova eugenia", que será considerada a seguir.

1.2.8. A nova eugenia

O sentimento antinazista, somado à publicação de documentos protestantes, fizeram com que o apoio ao pensamento eugenista fosse reduzido. A eugenia, após ter sido usada como argumento para a criação de uma raça ariana pura, em sua vertente positiva, bem como para a eliminação de judeus e de outros considerados "degenerados", em sua vertente negativa, passou a ser enxergada como pseudociência (WILSON, 1998).

A eugenia, contudo, não desapareceu, mas apenas passou a ser estudada dentro da genética. Na verdade, uma nova eugenia, liberal e de base científica, vem se desenvolvendo, uma vez que novas técnicas de engenharia genética vêm tornando possível o aprimoramento do genoma humano. Abandonando a perspectiva de eliminação daqueles considerados inferiores, que demonstrava enorme preconceito, a nova eugenia fundamenta-se na obrigação moral que os pais possuem, no sentido de gerar os melhores filhos possíveis.

Uma preocupação em relação a isso reside no fato de as características eleitas pelos pais serem passadas às gerações futuras, perpetuando-se, o que pode causar consequências desconhecidas, especialmente se várias modificações forem realizadas. Além disso, há outros questionamentos, como aqueles sobre a obrigatoriedade ou não desses aprimoramentos, sobre o custo desses procedimentos e o seu acesso a toda a população, além da discriminação por que poderão passar aqueles que não forem geneticamente modificados (VIZCARRONDO, 2014).

Por outro lado, não se pode olvidar do fato de que diversas enfermidades são geneticamente transmitidas de uma geração a outra. Muitos estudos nesse sentido vêm sendo realizados com grande sucesso. Doenças genéticas são muitas vezes motivo de aborto, quando detectadas ainda na gestação, e, da mesma forma, fazem com que genitores que portam genes causadores dessas enfermidades deixem de gerar filhos, o que remete, de certa forma, a posturas eugenistas negativas.

A nova eugenia, ainda que vista com certo receio, por razões históricas e por constituir potencial para abuso por parte de autoridades, não pode ser negada como se consistisse em um movimento inexistente ou desprovido de robustez. O fato de as tecnologias de edição genética estarem cada vez mais avançadas não pode ser simplesmente ignorado e, a despeito de todas as implicações biológicas, éticas, legais e sociais que acarretam, desconsiderá-la é, no mínimo, imprudente (WILSON, 1998).

Desse modo, embora existam muitas críticas à manipulação genética com fins eugênicos, é preciso discutir o tema em razão mesma de estar presente na realidade contemporânea. Se, de um lado, existem argumentos contra a nova eugenia, do outro, há reflexões que a sustentam, e com motivações não menos defensáveis.

Essas ponderações serão trabalhadas no presente estudo, com o objetivo de que se chegue a uma conclusão que possa afastar pensamentos contaminados por radicalismo, tanto em um sentido quanto em outro. O dilema abordado, à luz da Bioética e do Biodireito, deve ser considerado pelos organismos internacionais, de maneira a levar à criação de tratados de direito internacional capazes de uniformizar a produção legislativa nas diversas nações.

CAPÍTULO II

A Bioética e a dignidade da pessoa humana

Entre abril e junho de 2005 realizaram-se a Primeira e a Segunda Reunião dos Peritos Governamentais pertencentes aos países membros da Organização das Nações Unidas para a Educação, Ciência e Cultura (UNESCO), nas quais se chegou ao texto da *Declaração universal sobre bioética e direitos humanos,* um importante marco no que diz respeito à proteção da dignidade da pessoa humana no que tange a questões relativas à medicina, às ciências da vida e às tecnologias que lhes são associadas, referindo-se a suas aplicações ao ser humano, conforme atesta o artigo 1º da mencionada *Declaração* (UNESCO, 2006). Mais de 90 países participaram desses eventos, incluindo o Brasil; contudo, é importante lembrar que o documento não tem força de lei, servindo como parâmetro norteador para os legisladores internos dos países.

Ainda assim, a Bioética é anterior a esse documento, conforme será agora considerado.

2.1. Bioética: seu surgimento e seu conceito

Todos os desafios e controvérsias atinentes às ciências biomédicas, que aumentam à medida que novos avanços vão surgindo, justificam que sejam discutidas as proteções aos direitos humanos. A Bioética realiza um importante estudo de valores e princípios morais e éticos, aplicados às ciências médicas.

Antes que se parta à conceituação de Bioética e ao relato dos principais fatos históricos que levaram à sua criação, será realizada uma breve discussão acerca de sua importância.

2.1.1. A importância da Bioética

Partindo-se do pressuposto de que a vida e a saúde são bens de inegável valor para o ser humano, deduz-se ser sua proteção imprescindível. O progresso das ciências médicas e biológicas criou um novo cenário, no qual possibilidades antes sequer cogitadas foram viabilizadas.

A humanidade vem apresentando uma dinâmica cada vez mais complexa, com as relações sociais tornando-se mais sofisticadas à medida que novas tecnologias e visões de mundo despontam. Nesse sentido, outras formas de proteção, que se adequam à realidade contemporânea, vão surgindo, posto que inovações nos contornos da sociedade são acompanhadas de efeitos práticos. Esses efeitos fazem com que inúmeros impasses surjam, os quais podem afetar diretamente a vida humana, motivo pelo qual precisam ser cuidadosamente discutidos.

Embora este livro tenha por objeto as questões relativas à prática eugênica, a perspectiva da Bioética é muito mais ampla. Impasses como o direito de maternidade no caso da gestação de uma mulher com o embrião de outra, ou da dignidade de um ser humano mantido em estado vegetativo por muitos anos, demandam discussão (CLOTET, 2006, 16).

A medicina contemporânea, com todos os seus avanços, precisa ter as fronteiras de sua aplicação claramente demarcadas. Por outro lado, uma vez que sejam estabelecidos quais tratamentos podem ser realizados e em que limite, sem que haja afronta aos direitos do ser humano, outro contratempo emerge, que é justamente o alcance social desses procedimentos. Desse modo, deve haver uma acessibilidade justa a esses tratamentos por toda a sociedade, para que não se tornem mais uma causa de injustiça social (PESSINI; BARCHIFONTAINE, 2007, 267-268).

É nesse contexto que a relevância da Bioética se mostra inquestionável. Além do já mencionado, não se pode olvidar que a Bioética também pode ser considerada sob uma perspectiva teológica, já que a tradição religiosa fomentou muitas das suas reflexões. Valores defendidos pela religião, relacionados com os limites da intervenção médica, desempenharam papel crucial no nascimento da Bioética, dado que refletem o pensamento da sociedade (MELO; SANCHES; GARCÍA, 2018, 381-383). A isso se deve acrescentar o fato de a própria origem do conceito de dignidade humana assentar suas bases no pensamento cristão.

Nessa continuidade, citam-se as palavras do documento *Donum vitae*, a respeito da vida humana nascente e da procriação, que afirma:

> Os critérios morais aplicados no campo biomédico se baseiam numa adequada concepção da natureza da pessoa humana na sua dimensão corpórea. Esta é uma "totalidade unificada", simultaneamente corporal e espiritual; o corpo humano não pode ser considerado apenas como um conjunto de tecidos, órgãos e funções, nem pode ser avaliado com o mesmo critério do corpo dos animais (CONGREGAÇÃO PARA A DOUTRINA DA FÉ, 1987).

Além desses questionamentos, que são discutidos no âmbito da Bioética, também merecem destaque aqueles que dizem respeito à emancipação do paciente, que deve ser informado, bem como ter autonomia para consentir ou não em se submeter a procedimentos. Ademais, padrões morais universalmente aceitos devem ser criados e respeitados, assim como devem ser constituídos comitês de ética médica para assegurar que esses padrões sejam respeitados (CLOTET, 2006, 17-20).

Todo o empenho dos cientistas em ultrapassar os limites biológicos é perfeitamente explicável, visto que faz parte da natureza humana buscar sua melhoria. No entanto, no que tange aos avanços mais recentes, especialmente quanto a questões de modificações do DNA humano em linha germinativa, pode-se descaracterizar a essência daquilo que seria considerado humano. Por essa razão, fala-se em um "pós-humanismo", que será debatido em outro capítulo.

A cada inovação na área das ciências biomédicas, novas discussões surgem e posicionamentos adaptados aos novos contextos devem ser tomados. Desse modo, a Bioética adapta-se aos problemas do presente, sempre diferentes daqueles do passado, e sua importância reside justamente no fato de que a moral e a ética precisam permear quaisquer práticas que possam pôr em risco a dignidade humana.

Tendo sido discutida a relevância da Bioética, passa-se a um conciso histórico quanto ao seu surgimento e à forma como se desenvolveu essa ciência interdisciplinar.

2.1.2. Uma breve história da Bioética

Antes que se defina a Bioética, importa conhecer alguns dados sobre o seu histórico.

O vocábulo "Bioética" surgiu na década de 1970, como um neologismo, criado pelo bioquímico e pesquisador norte-americano Van Rensselaer Potter (1911-2001). Sua intenção era promover uma comunicação entre a ética e as ciências biomédicas, tendo em vista sua experiência com pesquisas interdisciplinares. Potter publicou o artigo *Bioethics, science of survival* em 1970, e a obra *Bioethics, bridge to the future* em 1971, e em ambos utilizou a palavra "Bioética". Tais obras são consideradas, por muitos, como sendo o marco inicial do surgimento da Bioética (CLOTET, 2006, 21).

No entanto, o termo já havia aparecido em 1927, no editorial do periódico de ciências naturais *Kosmos*, intitulado *Bioética, um panorama da ética e as relações do ser humano com os animais e as plantas*. O autor do editorial foi o pastor protestante alemão Paul Max Fritz Jahr (PESSINI, 2013, 10). A despeito do título sugerir uma formulação da Bioética direcionada mais ao meio ambiente, Jahr afirmava que, se toda forma de vida deveria ser respeitada, incluindo animais e plantas, tanto mais deveriam ser respeitados os humanos (no caso específico, os judeus). Para ponderar corretamente o contexto no qual deve ser compreendida a formulação do vocábulo Bioética feita por Fritz Jahr, é importante lembrar que ele surgiu na mesma época e no mesmo país em que o nazismo estava estruturando sua linha de pensamento (HOSS, 2013).

Voltando para Potter, percebe-se, segundo sua visão, a necessidade de uma ponte entre a biologia e a ética, uma vez que somente o respeito a valores éticos permitiria a sustentabilidade e mesmo a sobrevivência da espécie humana. Essa ponte seria o estabelecimento de uma comunicação entre as ciências e as humanidades, cujo diálogo sempre pareceu tão improvável (PESSINI, 2013, 11). Pode-se dizer que o avanço da medicina acarretou mudanças em todas as áreas, e essas transformações foram acompanhadas de possibilidades que precisavam ser discutidas. Isso porque os atos que aplicassem todas essas possibilidades na prática médica poderiam, em diversas situações, ferir os direitos humanos, o que já de fato ocorreu em incontáveis ocasiões.

A necessidade de se associarem os conhecimentos biológicos e médicos aos valores éticos de uma sociedade foi o que deu azo ao surgimento da Bioética. Embora, como acima afirmado, Fritz Jahr tivesse já mencionado o termo, foram os julgamentos no Tribunal de Nuremberg, dos crimes cometidos durante a Segunda Guerra Mundial, que criaram uma forte sensação de insegurança quanto à atuação de médicos, já que atrocidades tinham sido por eles cometidas em nome do avanço das pesquisas biomédicas. Passou-se a questionar o livre desempenho de suas atividades, sem que se estabelecesse alguma forma de limitação (LOPES, 2014, 265).

O genocídio dos judeus nos campos de concentração foi fundamentado em propostas voltadas ao avanço das ciências, e muitas práticas foram realizadas por médicos. Isso, sem dúvida, aumentou a conscientização em relação à aplicação indiscriminada de quaisquer meios em nome do progresso científico. Foi nesse contexto que a *Declaração universal dos direitos humanos*, de 1948, ao tratar da dignidade da pessoa humana, levou em consideração a liberdade que o indivíduo deve ter de dispor de seu próprio corpo. Isso se depreende de vários dispositivos desse documento, como do artigo 3º, que traz o direito à liberdade, ou o artigo 12, que proíbe intromissões arbitrárias na vida privada (ONU, 1948).

Um pouco depois, em 1964, foi redigida a *Declaração de Helsinque* pela Associação Médica Mundial, estabelecendo princípios éticos a serem respeitados durante a pesquisa com seres humanos, o que constituiu um importante marco para a Bioética. Essa proteção passou a ser considerada imprescindível, após haver ocorrido a negação de se ministrar penicilina, medicamento de eficácia comprovada contra a sífilis, à população pertencente a um grupo de estudo, cujo objetivo era mapear as fases de evolução da doença (LOPES, 2014, 270).

Com a descoberta, em 1953, da estrutura do DNA, grandes perspectivas foram abertas. Paralelamente a todo o fascínio trazido pela exploração das novas possibilidades, surgiram olhares receosos, antecipando efeitos negativos que poderiam advir de práticas de manipulação genética. Outro marco relevante foi o primeiro transplante renal realizado entre dois irmãos gêmeos, em 1954. Perspectivas até então impensáveis passaram a ser plenamente viáveis. Desse modo, à medida que a ciência progredia, movimentos surgiam discutindo seu alcance e, muitas vezes, refutando algumas de suas práticas (LOPES, 2014, 265-266).

Em 1967 foi realizado o primeiro transplante de coração pelo médico Christiaan Barnard, na África do Sul, fato publicado no *South African Medical Journal*. O primeiro transplantado viveu apenas dezoito dias, mas houve vários casos bem-sucedidos, assim como outros que não obtiveram bons resultados. Ao lado da definição de morte cerebral, em 1968, esse fato constituiu um novo motivo para questionamentos e debates no campo da Bioética (BRINK; HASSOULAS, 2009).

Nesse cenário, foi criada a Comissão Nacional para a Proteção de Sujeitos Humanos na Pesquisa Biomédica e Comportamental, que tinha por objetivo identificar os princípios éticos mais importantes a serem observados na condução de pesquisas em seres humanos. Dessa comissão resultou o *Relatório Belmont*, considerado um importante documento normativo e histórico para a Bioética. Esse relatório inovou, apresentando os princípios éticos do respeito pelas pessoas, da beneficência e da justiça, os quais serão mais detalhados à frente (LOPES, 2014, 271).

No livro *Principles of biomedical ethics*, publicado em 1979, por T. Beauchamp e J. Childress, houve uma substituição do princípio do respeito às pessoas pelo da autonomia, e passaram a ser considerados princípios da Bioética o do respeito à autonomia, o da beneficência, o da não maleficência e o da justiça. A corrente principialista da Bioética, também conhecida como "Bioética dos princípios", tem por base esse documento (LOPES, 2014, 272).

É importante relembrar que os valores espirituais constituem um fato social que não pode ser ignorado. Por esse motivo, as discussões teológicas também têm grande relevância para a Bioética, dada que sua evolução se deu dentro desse contexto. As mudanças pelas quais a medicina passou acabaram por fazer com que ela perdesse seu contorno artesanal e se tornasse mais fria, aumentando a distância entre o médico e o paciente. Com a redução da sensibilidade dos profissionais da saúde, tornou-se ainda mais significativa a autonomia do paciente, que deveria ter a chance de optar por se submeter ou não a uma determinada terapia, após haver sido informado de seus riscos. Além disso, com tantos novos tratamentos disponíveis, e considerando-se que muitos deles possuem alto custo, também se debate a respeito de quem a eles terá acesso (LOPES, 2014, 266-267).

Assim, a Bioética passa para uma nova fase. Da "Bioética ponte", sua versão inicial, criada por Potter, passa-se à chamada "Bioética global", conceito esse ampliado pelo mesmo autor. Além de reiterar o que já considerava objeto da Bioética, a vida, ampliou sua abrangência, incluindo questões ecológicas e relacionadas à saúde como um todo. Potter expôs esse posicionamento em 1998, no IV Congresso mundial de Bioética, ocorrido em Tóquio (PESSINI, 2013, 11).

Ainda em 1988, o professor Peter. J. Whitehouse apresentou a concepção da terceira fase da Bioética: a "Bioética profunda", em que se abandona uma visão empírica e se passa a ampliar a Bioética, incorporando-se a ela novos conceitos e contextualizando-a a uma realidade em que se faz presente a ciência genética. Isso dado, em se tratando de manipulação genética, não se pode negligenciar um comportamento extremamente ético e cuidadoso (PESSINI, 2007, 89-90).

Vários outros fatos marcantes, como o nascimento da ovelha Dolly, em 1997, primeiro mamífero clonado, e o mapeamento do genoma humano, no ano 2000, foram se sucedendo e trazendo consigo a necessidade de que novas discussões fossem levantadas.

Este estudo trata de questões específicas à edição genética, especialmente com fins eugênicos, a qual foi viabilizada por técnicas bastante precisas descobertas recentemente. Esse assunto será exposto em outro capítulo, que investiga especificamente a manipulação genética, bem como expõe questões acerca de sua aplicação a seres humanos, de uma perspectiva mais voltada para os direitos a eles inerentes.

Após esse breve histórico de alguns dos marcos considerados relevantes para a Bioética, deve-se passar à sua conceituação.

2.1.3. O que é a Bioética e qual o seu campo de aplicação

Tendo em vista o fato de o presente livro situar-se no contexto da Bioética, a conceituação desse termo é de enorme relevância. Até agora, foi discutida a sua importância, assim como foi apresentado um conciso histórico do seu surgimento, apontando para alguns importantes fatos que a ela trouxeram inovações em termos de discussão. Passa-se agora à definição dessa ciência interdisciplinar.

Como já explicado anteriormente, o conceito de Bioética mudou com a sua evolução histórica, não sendo unânime para todas as correntes de pensamento, razão pela qual será aqui tratado sem a pretensão de se atingir o esgotamento do assunto.

A palavra "Bioética" é um neologismo, que, como já mencionado, teria sido cunhado por Van Rensselaer Potter, em sua obra *Bioethics, Bridge to the future*, em 1971. Seu objetivo era fazer com que duas culturas – ciência e humanidades – pudessem dialogar, o que dificilmente ocorria. A Bioética, para Potter, seria a ponte para o futuro, porque capaz de acompanhar com uma visão ética todos os avanços científicos (OLIVEIRA, R., 2012, 106).

O dicionário assim define a Bioética: "Conjunto de problemas levantados pela responsabilidade moral dos médicos e biólogos em suas pesquisas e na aplicação destas" (DICIO, 2020). Se, antes, o termo nem sequer estava presente em glossários, hoje é possível encontrar um conceito sucinto dessa ciência, tratada como um "conjunto de problemas". A concepção apresentada fala de responsabilidade moral, ainda que moral e ética não sejam sinônimos, mas apresenta elementos importantes como os sujeitos – médicos e biólogos, assim como trata tanto da pesquisa que possam realizar quanto da aplicação dos seus resultados.

O médico obstetra André Hellegers foi quem passou a utilizar o termo "Bioética" institucionalmente, na Universidade de Georgetown, em Washington, referindo-se a ele como um novo campo de pesquisas e estudos, de dimensão pluralista, complexa e multidisciplinar. A importância dessa menção reside no fato de a Bioética haver passado a ostentar uma linguagem mais profissional (OLIVEIRA, R., 2012, 106).

A Bioética pode ser vista como disciplina, e, nesse sentido, utiliza formulações típicas da ética. Essas formulações são aplicadas a cenários factuais, tais como o aborto, a eutanásia, a clonagem, as agressões ao meio ambiente, bem como ao equilíbrio das espécies. Assim, o discurso bioético envolve diferentes abordagens, de acordo com a situação concreta a ser analisada, como a ética biomédica, a ética biopsicológica, a ética genética, a ética de gerações, a ecoética, dentre outras.

Como já mencionado, Potter afirmou que a Bioética é a "ciência da sobrevivência humana". Um de seus objetivos, conforme explicitou em 1988, era de que ela fosse enxergada como uma disciplina sistêmica, razão pela qual defende uma Bioética global fundada na associação do conhecimento de várias outras disciplinas que se inter-relacionariam entre si. Seu conceito foi sendo ampliado e ganhou novos contornos com o decorrer do tempo. Seu enfoque dá origem à perspectiva da macrobioética, que se contrapõe à da microbioética, também chamada de "Bioética clínica", cuja base se situa no pensamento de Hellegers (PESSINI, 2013, 10).

Como será visto mais à frente, Maria Helena Diniz entende que a Bioética deve ser ministrada como uma disciplina autônoma em diversos cursos profissionalizantes, para que os indivíduos que atuam nas diferentes áreas do conhecimento possam aplicá-la em sua atuação prática. Por ser uma ciência tão relevante para a humanidade, é necessário que seja também considerada pelas outras ciências (DINIZ, 2017, 1086).

No que tange à Bioética profunda, em 1988, Potter, retomando o pensamento de Whitehouse, defende-a sustentando que os sistemas biológicos devem estar inseridos no pensamento sistêmico, uma vez que o planeta é composto de uma complexa teia de sistemas interdependentes, dos quais o homem não é o centro, mas apenas um dos muitos elementos componentes (PESSINI, 2013, 12).

Joaquim Martí Clotet (2006, 215), Doutor em Filosofia e Letras, apresenta a seguinte conceituação:

> De um modo muito simples, podemos afirmar que a Bioética consiste na abordagem crítica dos assuntos relacionados com a vida sob a perspectiva do que é bom e do que é ruim. Como todos nós sabemos, cabe à ética, também conhecida como filosofia da moral, o estudo das diversas teorias do bem ao longo da história e do agir humano nas suas possíveis dimensões de conduta certa ou de conduta errada. A Bioética tem suas raízes na ética, cresce e se desenvolve orientada para os problemas da vida.

O autor segue atribuindo um sentido amplo e um sentido estrito para a Bioética. Para ele, a Bioética, quando tomada em seu sentido amplo, ocupa-se dos muitos temas da vida, inclusive da ética ecológica e da problemática relativa a transgênicos e a pesquisas com animais. Já em sentido estrito, a Bioética trata apenas das questões atinentes à vida humana, como, por exemplo, pesquisas com humanos (CLOTET, 2006, 215).

A Bioética foi consagrada entre os direitos humanos internacionais pela *Declaração universal sobre bioética e direitos humanos*, adotada pela Conferência Geral da UNESCO em 2005. Esse foi um momento muito importante, porque vários Estados firmaram o compromisso de respeitar princípios bioéticos de maneira uniformizada, desenvolvendo esforços para aplicá-los. Embora não defina a Bioética, o documento trata, em seu artigo 1º, das questões a que se aplica, bem como a quem é dirigida, nos seguintes termos:

> Artigo 1º:
> 1. A presente Declaração trata das questões de ética suscitadas pela medicina, pelas ciências da vida e pelas tecnologias que lhes estão associadas, aplicadas aos seres humanos, tendo em conta as suas dimensões social, jurídica e ambiental.
> 2. A presente Declaração é dirigida aos Estados. Permite também, na medida apropriada e pertinente, orientar as decisões ou práticas de indivíduos, grupos, comunidades, instituições e empresas, públicas e privadas (UNESCO, 2006).

A *Enciclopédia de Bioética* conceitua a ciência tomando por base o neologismo que a gerou. Assim, a Bioética seria a reunião de dois morfemas gregos, quais sejam, *bios*, que significa vida, e *ethike*, ou ética. O entendimento do morfema, interpretado unicamente com base em sua formação, leva a conceituar a Bioética como um estudo das dimensões morais a serem consideradas na aplicação das ciências à vida (REICH, 1978).

Em resumo, há diversos conceitos que buscam definir a Bioética, conceitos que assumiram diferentes sentidos com o desenrolar da história e à medida que novas formas de amparo foram se tornando necessárias. Independentemente da concepção de Bioética adotada, deve-se entendê-la como um conjunto de princípios que amparam a vida humana, tomada enquanto parte de um sistema complexo, ante as pesquisas científicas e a aplicação prática dos seus resultados.

Como observado, o campo de aplicação da Bioética, inicialmente mais restrito, foi se ampliando, em consequência da evolução das ciências biomédicas. Ademais, a visão antropocêntrica da natureza foi perdendo sua força, deixando o homem de ocupar o núcleo de todo o sistema, passando a ser considerado mera engrenagem, um elemento interagindo com todos os demais.

Como os princípios da Bioética guiam toda a sua aplicação, serão eles investigados sinteticamente mais à frente. Esses princípios possuem grande relevância para a Bioética, assim como para o presente estudo, constituindo-se o principialismo a teoria de base para o que aqui nos propomos a desenvolver. Sem embargo, antes de entrar especificamente nesse ponto, é interessante que se diferenciem as duas principais teorias da Bioética, que são a utilitarista e a principialista.

2.2. As teorias da Bioética

São muitas as teorias que buscam servir de substrato teórico para a Bioética, fugindo ao nosso objetivo o detalhamento de cada uma. Todavia, é relevante que se discorra de maneira bastante breve a respeito de algumas delas, a título de contextualização. Isso facilitará o entendimento da razão pela qual foi adotada aqui a teoria principialista.

2.2.1. Algumas das principais teorias da Bioética

Diversas teorias sociais fundamentam a Bioética, não ficando estas restritas às pertencentes à área médica, visto que seus preceitos não se aplicam apenas aos profissionais da saúde, além de ser inegável o fato de a ética universal dever permear também as ciências biológicas, as quais dela não se podem furtar.

Os preceitos da Bioética podem ter como alicerce o conhecimento religioso ou o secular, ou seja, aquele baseado nas faculdades racionais do homem. Apenas a título de exemplo, é interessante mencionar que os preceitos morais estabelecidos pelo catolicismo influenciaram muito do que foi instituído em diversos sistemas éticos, por ser a própria religião um fato social (VEATCH, 1999).

Muitos pensadores, especialmente o bioético americano Edmund D. Pellegrino (1920-2013), defendem uma base humanista para a Bioética, principalmente em sua primeira fase. Os avanços das ciências médicas e biológicas levantaram inúmeros questionamentos quanto ao respeito a valores humanos, tendo aí importante participação tanto da religião quanto da teologia.

Mais tarde, especificamente no ano de 1972, a Bioética assumiu uma vertente mais filosófica, até 1985, quando surgiu a Bioética global. Em todas essas fases, a visão humanista predominou (PESSINI; BARCHIFONTAINE, 2007, 53-54). O médico Robert Veatch apresenta cinco importantes princípios em que a correta conduta médica deve se pautar: a autonomia, a justiça, o compromisso, a verdade e a postura de se evitar matar. São suas as seguintes palavras:

> É nesse ponto que a teoria bioética se aproxima da convergência em nível internacional. Quase todas as teorias éticas abrem caminho em algum lugar por fazerem bem para pacientes e prevenirem prejuízos a eles (o que no jargão são chamados princípios da beneficência e não maleficência). A maioria das teorias também dá espaço a alguns princípios não maximizadores de consequências, tais como veracidade, fidelidade a promessas de não matar pessoas. Teorias diversas, como o Código Islâmico, a ética budista, a lei talmúdica e o libertarianismo engelhardtiano, criam espaço para a veracidade ou para se dizer a verdade. A maioria das modernas teorias também inclui o princípio de respeito à autonomia. Teorias diferentes podem tomar esses princípios em seus sistemas usando diferentes mecanismos. Alguns utilitaristas, por exemplo, fazem isso por meio do uso do utilitarismo das regras – um dispositivo que gera regras baseadas em consequências – a respeito de dizer a verdade, cumprir promessas e coisas assim. Kantianos podem agrupar muitos desses princípios sob o título de respeito às pessoas. A maioria das teorias também tem em conta o modo como os bens e danos devem ser distribuídos. Isso aparecerá sob a rubrica do princípio da justiça[1] (VEATCH, 1999, tradução nossa).

---

1. It is at this point that bioethical theory comes much closer to convergence at the international level. Almost all medical ethical theories make room some place for doing good for patients and preventing harm to them (what in the jargon are called the principles of beneficence and nonmaleficence). Most theories also make room for some non-consequence-maximizing principles such as veracity, fidelity to promises, and avoidance of killing of humans. Theories as diverse as the Islamic Code, Buddhist ethics, Talmudic law, and Engelhardtian libertarianism all make room for veracity or truth-telling. Most modern theories also include the principle of respect for autonomy. Different theories may get

Aduz-se do trecho acima reproduzido que Veatch apresenta teorias bioéticas que se traduzem em princípios. Porém, ele é quem apresenta o paradigma contratualista, em que afirma haver um triplo contrato, um entre o médico e o paciente, outro entre o médico e a sociedade e, por fim, um terceiro entre os princípios que regem a relação entre médico e paciente (PESSINI; BARCHIFONTAINE, 2007, 48-49).

2.2.2. A teoria utilitarista

Merece também destaque, por efeito de sua excepcional importância para a Bioética, a teoria utilitarista. Segundo essa corrente, uma ação deve ser entendida como moralmente correta caso esteja voltada à obtenção da felicidade, e, ao contrário, será vista como imoral e mesmo condenável caso tenha o condão de promover a infelicidade (PESSINI, BARCHIFONTAINE, 2007, 185).

Embora se trate de uma teoria muito relevante, que exerce ampla influência na Bioética, ela não será analisada a fundo, por não ser a adotada no presente livro, que assume por base a teoria principialista. A razão dessa escolha reside no fato de o utilitarismo apresentar consequências incertas, uma vez que não é possível prever e determinar o resultado de atos, que podem parecer inocentes e ainda assim resultar em efeitos antiéticos, ou então parecer negativos, mas converter-se em efeitos nobres. Isso, especialmente no que tange à engenharia genética, pode ser perigoso.

Um outro fator que torna o utilitarismo alvo de críticas é a infinitude de suas consequências, que podem dar origem a uma cadeia de eventos, ocasião em que o primeiro efeito se torna causa do segundo, e este de um terceiro, e assim sucessivamente,

---

these principles into their system using different mechanisms. Some utilitarians, for example, do so through the use of rule-utilitarianism-a device that generates consequence-based rules regarding truth-telling, promise-keeping, and the like. Kantians may group several of these principles under the heading of respect for persons. Most theories also have some account of the way goods and harms should be distributed. This will appear under the rubric of the principle of justice (texto original).

com resultados cada vez mais imprevisíveis. Por essa e outras razões, será adotado o principialismo como teoria nesta presente obra.

Embora essas questões em relação à incerteza de resultados tenham relevância especial quando se trata de engenharia genética e eugenia, motivo pelo qual merecem ser mencionadas, é a partir dos princípios da Bioética que serão tratadas as discussões a respeito do tema.

2.2.3. A teoria principialista

A teoria principialista é a que se encontra mais presente na *Declaração universal sobre bioética e direitos humanos*. Ela surgiu com o *Relatório de Belmont*, em 1978, em que foram criados princípios éticos voltados à proteção da vida humana pela Comissão Nacional para a Proteção dos Seres Humanos da Pesquisa Biomédica e Comportamental. Como já afirmado, os princípios bioéticos inicialmente apresentados foram o do respeito à pessoa, o da beneficência e o da justiça (UNESCO, 2006).

Todavia, com a evolução da sociedade e das ciências, e, consequentemente, com o surgimento da necessidade de novas proteções, outros princípios foram sendo criados, assim como os princípios já existentes foram sofrendo modificações, no sentido de se adaptarem à realidade.

Não se esgotam aqui as teorias da Bioética, tendo sido apresentadas apenas as mais relevantes para a atual exposição. Devido ao fato de a teoria principialista ser a mais pertinente à linha adotada neste livro, ela será analisada de maneira um pouco mais minuciosa a seguir, com cada princípio sendo examinado separadamente.

2.3. Os princípios da Bioética

Uma vez que neste livro adotamos a teoria principialista como base, passa-se a uma resumida consideração sobre esses princípios. É importante esclarecer que os quatro princípios bioéticos universais, trazidos por Beauchamp e Childress, não possuem hierarquia entre si, devendo ser verificados e aplicados conforme o caso em análise. Além disso, deve-se sempre considerar o princípio da dignidade da pessoa humana quando se atua no cenário da liberdade científica.

2.3.1. Os princípios universais da Bioética

Como já afirmado, com o advento do *Relatório de Belmont*, em 1978, foram estabelecidos princípios que deveriam nortear a pesquisa e a prática médica. Inicialmente, foram trazidos três princípios, a saber: o respeito pelas pessoas (autonomia), a beneficência e a justiça. O princípio da beneficência foi depois desmembrado em beneficência e não maleficência, por Tom L. Beauchamp e James F. Childress, em sua clássica obra *Princípios da ética biomédica* (BEAUCHAMP; CHILDRESS, 2002, 11).

Uma abordagem principiológica da Bioética implica que não se foque em leis positivadas, mas em princípios que devem nortear a conduta daqueles que fazem pesquisas nas áreas médica e biológica, assim como a daqueles que as aplicam. Esse sistema apresenta diversas vantagens, principalmente do ponto de vista do direito internacional, além de, como qualquer outra teoria, também apresentar inconvenientes e ser alvo de críticas.

Os princípios da Bioética devem ser analisados sistematicamente ao serem aplicados à prática da medicina. Como o *Relatório de Belmont* constituiu um importante documento apto a guiar as condutas praticadas por aqueles que atuam nas ciências biomédicas, elaborando de maneira clara normas a serem seguidas, a Bioética até hoje possui forte viés principialista. Assim, busca-se a aplicação de princípios éticos gerais ao campo específico das ciências médicas e biológicas, de maneira sistematizada (BEAUCHAMP; CHILDRESS, 2002, 11-12).

Como o principialismo foi amplamente adotado pelos clínicos, seu sucesso foi desde o início notório. Não obstante hoje se entenda que o principialismo tenha perdido parte da força que ostentava em seus primórdios, essa corrente continua demonstrando grande valor, tendo em vista a necessidade de que preceitos sejam respeitados, o que correntemente não ocorre com normas positivadas.

A *Declaração universal sobre bioética e direitos humanos* apresenta, como já afirmado, uma postura claramente principialista.

Sua abordagem, cuja ênfase situa-se nos direitos humanos, vai além de apresentar princípios relacionados à atuação médica, atingido questões sanitárias, sociais e ambientais. No preâmbulo desse documento afirma-se que, devido aos grandes avanços da ciência e da tecnologia, novas questões éticas foram suscitadas, razão pela qual "princípios universais" deveriam ser propostos para nortear toda a comunidade internacional. A mencionada declaração trata o ser humano como parte da biosfera e, do mesmo modo que reconhece que a investigação científica traz incontáveis benefícios para a humanidade, leva em consideração a repercussão na vida das pessoas, devendo, por isso, ser objeto de reflexão à luz da ética (UNESCO, 2006).

A despeito das muitas críticas feitas ao principialismo, ele parece adaptar-se melhor aos avanços científicos cada vez mais rápidos, podendo-se, inclusive, aceitar a inclusão de novos princípios mais adequados e capazes de caracterizar o *ethos* de uma sociedade em um determinado tempo. Diante da enorme complexidade das sociedades contemporâneas, os princípios, não obstante sua incapacidade de resolver absolutamente todos os problemas, possuem a aptidão para criar certa convergência e diálogo entre diferentes referenciais éticos, e, consequentemente, solucionar muitos conflitos.

Uma das objeções acerca do modelo principialista reside no fato de ser ele mais aplicável a situações similares às que já ocorreram no passado, não parecendo ideal para casos inéditos, tão comuns no âmbito das ciências biomédicas. Todavia, devido à característica de os princípios serem abstratos e precisarem ser interpretados à luz do caso concreto, sem hierarquia entre si, e tomando-se como metaprincípio a dignidade da pessoa humana, é plenamente plausível a sua aplicação a situações originais, isto é, dotadas de ineditismo.

Não se pode olvidar que os interesses do mundo contemporâneo estão muitos distantes de refletirem as necessidades das pessoas e do meio ambiente. Em um cenário em que a indústria, em especial a farmacêutica, posiciona seus interesses como prioritários em detrimento de questões éticas, torna-se realmente necessário que princípios rígidos possam reger suas pesquisas, métodos e aplicação de resultados. Assim, uma possível força legislativa tendente a beneficiar os interesses dessa indústria seria combatida por uma abordagem principiológica. Quanto a questões sociais que envolvam as tecnologias atinentes às ciências biomédicas, as quais muitos afirmam não serem alcançadas satisfatoriamente pelos princípios da Bioética existentes, o princípio da justiça deve ser usado (SCHRAMM; PALÁCIOS; REGO, 2008).

Os princípios da Bioética a serem aplicados aos conflitos decorrentes da prática médica e biomédica, apresentados por Tom Beauchamp e James Childress, são o da não maleficência, o da beneficência, o da autonomia e o da justiça.

2.3.2. Os princípios da beneficência, da não maleficência, da justiça e da autonomia

O princípio da beneficência traduz-se em um compromisso de maximizar os benefícios e, paralelamente, minimizar os prejuízos. A beneficência não deve ser vista como uma forma de caridade, devendo constituir a verdadeira obrigação. Em seu sentido original, esse princípio engloba duas vertentes, a de maximizar os benefícios minimizando os riscos e a de não causar danos. No entanto, deve-se reiterar que o princípio da não maleficência foi apresentado em momento posterior ao do *Relatório Belmont*, por Beauchamp e Childress (PESSINI; BARCHIFONTAINE, 2007, 58).

No que tange ao princípio da não maleficência, este consiste na proibição de se infligir dano deliberado a alguém. A ação do profissional de saúde deve, assim, ser exercida no sentido de causar o mínimo possível de prejuízos ou danos ao paciente, ou, melhor ainda, de não o prejudicar intencionalmente. Isso condiz com o pilar hipocrático médico *primum non nocere*, que significa que, acima de tudo, não se deve causar danos (SCHRAMM; PALÁCIOS; REGO, 2008).

Na *Declaração universal sobre bioética e direitos humanos*, em seu artigo 4º, os princípios da beneficência e da não maleficência são tratados da seguinte maneira:

Artigo 4º: Efeitos benéficos e efeitos nocivos
Na aplicação e no avanço dos conhecimentos científicos, da prática médica e das tecnologias que lhes são associadas, devem ser maximizados os efeitos benéficos diretos e indiretos para os doentes, os participantes em investigações e os outros indivíduos envolvidos, e deve ser minimizado qualquer efeito nocivo suscetível de afetar esses indivíduos (UNESCO, 2006).

O princípio da justiça, por sua vez, estabelece um juízo de equidade, segundo o qual a cada indivíduo deve ser dado aquilo que lhe é devido por meio de uma atuação pautada na moral. Assim, não se podem tratar as pessoas de maneira desigual, sem que sejam motivadas as discriminações por argumentos justos. Disso decorre o dever de se distribuir igualitariamente entre as pessoas os tratamentos médicos disponíveis (CLOTET, 2006, 25).

O princípio da justiça é tratado no artigo 10º da *Declaração universal sobre bioética e direitos humanos* da seguinte forma: "Artigo 10º. Igualdade, justiça e equidade – A igualdade fundamental de todos os seres humanos em dignidade e em direitos deve ser respeitada para que eles sejam tratados de forma justa e equitativa" (UNESCO, 2006).

Por fim, deve-se mencionar o princípio da autonomia, que exige que seja dada suficiente informação ao paciente para que ele possa exercer sua capacidade de decisão de forma refletida, além de serem fornecidos meios para que sua escolha seja respeitada. Os atos do médico devem ser autorizados pelo paciente, tendo sido este devidamente cientificado de todas as suas implicações. Desse modo, o princípio da autonomia deve ser entendido em seu sentido mais concreto possível, além de englobar a questão da tomada de decisões em substituição, quando o paciente é incapaz (PESSINI; BARCHIFONTAINE, 2007, 58).

A *Declaração universal sobre bioética e direitos humanos* trata desse princípio em seu artigo 5º, abordando o consentimento no artigo 6º e tratando das pessoas incapazes de exprimir seu consentimento no artigo 7º. Esse assunto é de grande relevância para o presente livro, que trata de edição genética em linha germinativa, ou seja, da modificação do genoma transmitido a gerações futuras, estendendo-se à possibilidade de escolha, por parte dos genitores, dos genes mais favoráveis à sua prole.

A seguir, reproduz-se, na íntegra, o disposto no artigo 5º:

> Artigo 5º: Autonomia e responsabilidade pessoal
> A autonomia das pessoas no que respeita à tomada de decisões, desde que assumam a respectiva responsabilidade e respeitem a autonomia dos outros, deve ser respeitada. No caso das pessoas incapazes de exercer a sua autonomia, devem ser tomadas medidas especiais para proteger os seus direitos e interesses.

Esses quatro princípios universais devem ser refletidos de maneira sistemática, de forma a serem aplicados às mudanças estruturais por que vem passando a sociedade. Isso porque há novos conflitos surgidos a partir do desenvolvimento científico na área biomédica, além de outros, mais antigos, que persistem, já que as diferentes nações não aplicam os princípios da Bioética de maneira uniforme.

2.3.3. Os novos enfoques bioéticos com base no principialismo

Como se depreende do exposto, a *Declaração universal sobre bioética e direitos humanos* fundamenta-se na observância da dignidade da pessoa humana. Diante de toda a amplitude de questões a serem discutidas no mundo contemporâneo, a Bioética encontra a necessidade de expandir seu campo de aplicação, sem, contudo, deixar de lado suas mais antigas preocupações.

Muito se critica o emprego atual dos princípios universais da Bioética, alegando-se que já não são estes capazes de atender às demandas individuais e sociais crescentes em razão de todos os avanços da biomedicina. Todavia, o que se nota hoje não é a carência de regras a serem aplicadas, mas a sua não aplicação de forma ampla e geral. A desigualdade social e o desconhecimento acerca da Bioética mantêm boa parte da população mundial alheia a essas discussões e, consequentemente, incapaz de se posicionar a respeito das controvérsias que giram ao redor da dinâmica médica e biomédica.

Por outro lado, uma visão utilitarista da Bioética, cujo principal foco é a busca da felicidade, terminaria por permitir posturas potencialmente imorais ou mesmo desastrosas. No contexto atual, em particular, em que tecnologias biomédicas nem sequer imaginadas convertem-se em algo perfeitamente factível, exige-se a aplicação de princípios com ênfase não somente no ato em si, mas também em seu desfecho prático.

Não apenas os quatro princípios universais da Bioética estão presentes na *Declaração universal sobre bioética e direitos humanos*, mas ela se encontra repleta de elementos semióticos, voltados tanto para a comunidade internacional como um todo quanto para os diferentes Estados, que devem legislar no sentido de implantá-los. Todos esses elementos devem ser interpretados à luz da dignidade da pessoa humana, em uma análise reflexiva que facilite sua apropriação pelos agentes bioéticos (SALVADOR; SAMPAIO; PALHARES, 2018).

Especialmente no que tange aos mais recentes dilemas, que emergiram no contexto contemporâneo, em que a pesquisa biotecnológica avança de tal forma que arrisca banalizar preceitos éticos, importa priorizar o uso de princípios capazes de vencer o problema do excessivo tecnicismo legal. Além disso, a rigidez e o engessamento de leis, como também a falta de harmonia legislativa no âmbito de diferentes nações, reforçam a necessidade de que se fortaleça a visão principialista da Bioética.

Eventos como a famosa clonagem da ovelha Dolly reacenderam as discussões a respeito dos limites a serem impostos à pesquisa científica. Mais recentemente, estudos relacionados à edição genética de seres humanos trouxeram uma gama de novas incertezas do ponto de vista ético – que serão debatidas mais adiante. Esse é o motivo pelo qual se entende que o raciocínio bioético deve estar voltado à aplicação dos princípios de maneira coerente entre si, sempre tomando por base a dignidade da pessoa humana.

Como as leis positivadas estão sempre atrasadas em relação aos avanços da ciência, é necessário que, à medida que novas tecnologias vão surgindo, os princípios bioéticos sejam usados como filtro para sua aplicação. Caso isso não ocorra, corre-se o risco de serem justificadas práticas eticamente questionáveis em função da ausência de legislação que as regule.

É importante esclarecer que a Bioética implementa as discussões sobre todas as complexas questões relacionadas com as ciências médicas e biológicas, avaliando-as do ponto de vista científico, filosófico, ético e jurídico, dado seu caráter interdisciplinar. Dessa última ótica, ou seja, do prisma jurídico, surge o Biodireito como um ramo do direito, atribuindo parâmetros legais àquilo que envolve a Bioética (CLOTET, 2006, 177).

A seguir, passa-se, então, a uma breve exposição sobre o princípio da dignidade da pessoa humana, e sobre como a Bioética dele se ocupa.

2.4. A dignidade da pessoa humana no contexto da Bioética

Devido à importância do princípio da dignidade da pessoa humana para a Bioética, passa-se adiante ao estudo desse princípio, que servirá de base para a presente análise. Inicialmente será realizada uma reflexão no sentido de se definir o princípio a partir do conceito de ser humano. Esse exame será feito com base no contexto histórico que levou ao surgimento desse princípio, para que se possa então analisá-lo à luz da Bioética.

2.4.1. O conceito de pessoa

Antes que se parta à definição do princípio da dignidade da pessoa humana e que se teçam considerações acerca de sua relevância, é preciso definir o que é ser humano. Embora esse conceito possa parecer óbvio, ou mesmo sem importância, no contexto da Bioética, e mais ainda na sua aplicação à engenharia genética com fins eugênicos, ganha especial dimensão, uma vez que o tratamento dado a humanos deve ser diferente daquele dado a não humanos.

Assim, ainda que a Bioética contemporânea trate o ser humano como elemento pertencente a um sistema ecológico equilibrado, seu patrimônio genético não pode ser tratado da mesma forma que o de outras espécies. A despeito de todas as discussões filosóficas e jurídicas que envolvem os direitos dos animais, a dignidade inerente ao ser humano advém de sua natureza especial, em relação a outros seres, vivos ou não vivos.

O conceito de "homem" – tomado aqui como representante da espécie humana, e englobando todos os gêneros – não é único ou uniforme. A indagação sempre presente no pensamento bioético a respeito de quem seria o "homem" reside, na verdade, no conceito de pessoa, uma vez que as intervenções biomédicas precisam encontrar sua regulamentação em um estatuto pessoal (CESCON, 2013, 191), e, conquanto a conceituação de pessoa seja uma construção artificial, baseada em uma avaliação com viés cultural, filosófico ou ético, e não biológico, ela é importante tendo em vista servir de parâmetro para a aplicação dos preceitos bioéticos.

Enquanto muitos autores criticam essa análise, por considerá-la inócua, não partilhamos desse raciocínio, tendo em vista sua temática, voltada à discussão acerca da construção de "super-humanos" a partir do uso de novas técnicas de edição genética já plenamente disponíveis.

A relevância de se definir o que é pessoa também reside no fato de essa definição posicioná-la como destinatária dos mesmos direitos que são direcionados a outras pessoas, de outras classes ou posições. Ou seja, fundamenta o princípio da igualdade. Assim, uma vez que um indivíduo ostente as características que o qualificam como "pessoa", deverá ele receber tratamento considerado ético e moral (CESCON, 2013, 192).

Além disso, considerando-se que a Bioética aborda as formas como a pessoa deve ser tratada, a questão sobre quem é pessoa surge de forma automática. Intuitivamente, com base unicamente no senso comum, é possível se entender o significado de pessoa. Todavia, há algumas ponderações a serem feitas sobre esse ponto.

Foi na Grécia antiga que se originou a ideia de "pessoa", especificamente no teatro, quando se usavam máscaras nas apresentações. Essas máscaras possuíam forte conteúdo simbólico e representavam uma classe social, uma figura heroica ou a própria figura humana. As contradições e ambiguidades da natureza humana eram expressas através dessas máscaras.

A palavra grega *prosopon*, significando "o que disfarça", deu origem ao termo *persona*, do latim. Essa palavra correspondia não só ao personagem que era interpretado no teatro, mas também ao papel que um determinado indivíduo desempenhava em sua vida, com uma conotação social, e não identificada com a personalidade individual. Assim, embora o termo tenha aí sua origem etimológica, a noção de pessoa humana na Antiguidade era muito diferente da que se tem hoje, uma vez que não havia valorização de direitos e liberdades individuais, prevalecendo o coletivo. Em Roma, o termo adquiriu um significado ligeiramente diferente, com o surgimento do direito, já que os cidadãos livres romanos ostentavam uma *persona* civil, mas ainda com uma conotação social (MOREIRA, 1994).

Posteriormente, a questão da individualidade da pessoa humana passou a ser considerada dentro de uma perspectiva metafísica, uma vez que o indivíduo seria detentor de uma alma. Cabe ao cristianismo a responsabilidade por essa mudança de paradigmas, fundado em reflexões de raiz teológica. Assim, Tertuliano (c. 160-220), importante autor dos primórdios do cristianismo, passou a atribuir ao termo "pessoa" a concepção de ser aquele que diz "eu" em relação a uma outra pessoa, considerada o "tu". Com o propósito de resolver o entendimento acerca da Santíssima Trindade, ele esforçou-se no sentido de retirar o significado social do termo *persona*, atribuindo-lhe uma essência única, detentora de dignidade (ALMEIDA, 2013).

Santo Agostinho (354-430), um dos mais importantes teólogos e filósofos do cristianismo, também com a preocupação de explicar como o Pai, o Filho e o Espírito Santo teriam natureza distinta, sem, contudo, constituírem três deuses separados, explicou o vocábulo *persona* como possuindo essência individualizada. Ele fez uma analogia explicando que "memória, entendimento e amor" são atributos da pessoa, sem, todavia, confundirem-se com o seu ser. O homem apresentaria então essa natureza dotada de sacralidade e autoconsciência, o que faria dele um ser único, porque feito à imagem e semelhança de Deus (RAMPAZZO, 2009, 1430-1431).

Para o frade dominicano e filósofo Santo Tomás de Aquino (1225-1274), a palavra "pessoa" ostenta uma noção de relação com o divino, o que torna o indivíduo um ser único. Assim, todo entendimento relativo ao fato de o ser humano ser destinatário de direitos concernentes à sua dignidade, por haver sido feito à imagem e semelhança de Deus, deriva-se do pensamento tomista.

Nesse sentido, deve-se entender que o ser humano é dotado de um valor subjacente, motivo pelo qual deve ser sujeito de leis universais, concepção que deu origem ao que hoje se entende por direito natural e ao princípio da dignidade da pessoa humana, surgido posteriormente.

Uma ruptura com a visão de "pessoa" exclusiva da Igreja surge com o filósofo, físico e matemático francês René Descartes (1596-1650). Sua concepção reside na tese de que o pensamento ocorre simultaneamente à existência, razão pela qual é impossível que alguém exista sem pensar ou pense sem existir. A pessoa humana passa a ser entendida como um ser racional, que centraliza o conhecimento e o saber (ALMEIDA, 2013, 203).

O importante filósofo moderno Immanuel Kant (1724-1804) formulou uma representação bastante significativa do "ser humano" enquanto ser racional. Destarte, dada sua natureza de ser pensante, deve obedecer a leis que ele mesmo formula. O homem, assim, deve agir baseado em regras que ele entende que poderiam ou deveriam se tornar leis universais, devendo sempre usar a humanidade, sua ou do outro, como um fim e não um meio. Esse pensamento faz parte do imperativo categórico de Kant e auxilia na interpretação da dignidade humana. O ser humano, racional, é livre para estabelecer suas normas morais, assim como exercê-las livremente.

A harmonia e a coerência de ações entre os diferentes seres estão relacionadas com uma benevolência moral segundo a qual o homem deve ser bom consigo mesmo e também com o outro (DAGIOS, 2017). Desse modo, para Kant, o homem agiria determinado por sua própria vontade. Deve-se entender que dessa vontade decorre o poder do homem de autodeterminação, ou melhor, de autonomia no exercício de sua humanidade.

Mais tarde, com o surgimento do liberalismo, a concepção de "pessoa" passou a ser mais individualista, uma vez que se consolidou o materialismo de uma sociedade mais voltada ao consumo de bens. Todavia, foi no século XX que o conceito de pessoa ganhou contornos ainda mais individuais, tendo em vista o despontar do existencialismo, cuja crença reside no fato de ser a pessoa um sujeito único e dotado de singularidade. Porém, essa visão da pessoa não deve ser absoluta, uma vez que o ser humano se encontra inserido em um ambiente (ALMEIDA, 2013, 233-234).

Nesse sentido, é interessante mencionar o pensamento de Aristóteles:

> Assim, o homem é um animal cívico, mais social do que as abelhas ou outros animais que vivem juntos. (...) O Estado, ou sociedade política, é até mesmo o primeiro objeto a que se propôs a natureza. O todo existe necessariamente antes da parte. As sociedades domésticas e os indivíduos não são senão as partes integrantes da Cidade, todas subordinadas ao corpo inteiro, todas distintas por seus poderes e funções, e todas inúteis quando desarticuladas, semelhantes às mãos e aos pés que, uma vez separados do corpo, só conservam o nome e a aparência, sem a realidade, como uma mão de pedra. O mesmo ocorre com os membros da Cidade: nenhum pode bastar-se a si mesmo. Aquele que não precisa dos outros homens, ou não pode resolver-se a ficar com eles, ou é um deus, ou um bruto. Assim a inclinação natural leva os homens a este gênero de sociedade (ARISTÓTELES, 2022, 11-12).

A visão unicista do ser humano, adotada pelo existencialismo, é de grande relevância nesta obra, já que a aleatoriedade presente no DNA individual traduz, de certa forma, o caráter único dessa pessoa. De outro lado, a pessoa também deve ser tomada como um ser que faz parte do ambiente em que vive, uma vez que com este interage, causando nele transformações, assim como sendo por ele transformada.

Tendo sido feitas algumas considerações acerca do conceito de pessoa, longe de revelar uma formulação fechada ou definitiva, passa-se à análise da dignidade da pessoa humana no contexto específico da Bioética; no entanto, importa ressaltar que no capítulo III considerar-se-á, de maneira detalhada, a origem histórica do conceito de pessoa.

2.4.2. A dignidade da pessoa humana no contexto da Bioética

Uma vez entendido o conceito de pessoa, deve-se avançar para o desenvolvimento da concepção da dignidade da pessoa humana. Especialmente em um contexto como o atual, em que novas tecnologias vêm trazendo implicações concretas à vida humana, tanto no sentido positivo, como no caso de curas de muitas enfermidades, quanto no negativo, citando-se aqui os resultados incertos da aplicação dessas tecnologias, o princípio ganha mais importância.

Não é outra a razão pela qual o princípio da dignidade da pessoa humana apresenta tão grande relevância para a Bioética. Considerando-se que a ética se ampara na observação de preceitos relativos ao respeito à pessoa humana, e que valores relativos à sua dignidade são profundamente tocados com o progresso tecnológico, deve este ser analisado à luz da interdisciplinaridade própria da Bioética.

Como já afirmado no item anterior, há muita ambiguidade e falta de consenso quanto à determinação do que é humano e do que não é, razão pela qual filósofos, juristas e cientistas divergem quanto ao conceito de dignidade da pessoa humana. Até mesmo quanto ao caso do genoma humano não há unanimidade quanto a esse comportar ou não a dignidade.

Não obstante a falta de consenso quanto à conceituação do princípio, na presente abordagem a dignidade da pessoa humana é entendida como um atributo inerente à condição de pessoa, o que a torna merecedora de um tratamento respeitoso voltado à satisfação de suas necessidades, tanto pelo Estado quanto por seus semelhantes. Esse conceito, à luz da Bioética, engloba as dimensões física, psíquica, espiritual, social e moral.

Se os avanços por que passam as ciências biológicas e médicas proporcionam incontáveis melhoras na qualidade de vida do ser humano, é certo que também possuem potencial para degenerar a sua natureza. Como acima esclarecido, com base no imperativo categórico de Kant, os seres humanos racionais devem ser tomados como fins em si mesmos, agindo todo o tempo segundo regras ou leis universais. Partindo-se dessa premissa, fica claro que certas proteções se mostram necessárias para que o ser humano não seja tratado como coisa, ou como um meio e não um fim.

Segundo o dicionário, a palavra dignidade significa, literalmente: "Do latim *dignitas.atis*. Característica ou atributo do que é digno; atributo moral que incita respeito; autoridade. Maneira de se comportar que incita respeito; majestade (...) Ação de respeitar os próprios valores; amor-próprio ou decência" (DICIO, 2020). Por isso, é necessário entender a dignidade da pessoa humana como o respeito que deve ser direcionado ao ser humano, em razão da sua condição. O direito a essa dignidade deve ser entendido como fundamental e garantido a todos os indivíduos que ostentem a natureza de pessoa humana, distinguindo-os de todas as outras espécies.

O simples fato de alguém ser humano já torna essa pessoa intrinsecamente destinatária do princípio, de maneira objetiva, e esse valor não se restringe à esfera individual, possuindo um aspecto interior e outro exterior. Isso quer dizer que o ser humano deve ser respeitado como sujeito, também nas suas relações intersubjetivas. Além disso, o direito à dignidade é irrenunciável e inalienável (MACHADO, 2017, 19).

Como a dignidade nasce com a pessoa, ela não pode ser retirada e, ao contrário, deve ser garantida pelo Estado. E, notadamente no que tange às questões relativas à Bioética, é necessário que haja um esforço no campo internacional para a sua implementação, uma vez que o avanço rápido das tecnologias no âmbito das ciências biomédicas vem criando ameaças a esse direito inalienável do ser humano (RAMPAZZO, 2009, 1435-1436).

Não é outro o motivo pelo qual a *Declaração universal sobre bioética e direitos humanos*, em sua abordagem principialista, ao focar sua atenção na proteção da vida e da saúde, posiciona os direitos humanos como o pilar que sustenta a ética universal. Todos os princípios éticos elencados nesse acordo internacional baseiam-se no respeito à dignidade da pessoa humana no que tange às questões que se traduzem, por sua natureza, em objeto da atenção bioética.

O norte desse documento, que propõe reunir os princípios da Bioética em um texto único, resolvendo as questões éticas relativas à medicina, às ciências da vida e às tecnologias associadas que se aplicam aos seres humanos, é o respeito à dignidade da pessoa humana. Como o progresso da ciência influencia a vida humana, e mesmo a própria concepção de vida, devem ser feitas análises éticas de suas implicações, sempre respeitando os direitos humanos e direitos fundamentais (UNESCO, 2006).

É bom lembrar que a *Declaração universal dos direitos humanos*, de 1948, como também outros acordos internacionais, fundamentaram a *Declaração universal sobre bioética e direitos humanos*. Como a biosfera desempenha um papel de absoluta relevância na qualidade de vida de todos os seres, deve ser objeto de respeito, particularmente no que tange às interações do ser humano com a natureza, cuja necessidade de respeito motiva a presente reflexão.

Já no artigo 2º da *Declaração universal sobre bioética e direitos humanos*, a dignidade humana é identificada como um de seus objetivos, nos seguintes termos:

Artigo 2º: Objetivos
A presente declaração tem os seguintes objetivos:
(d) reconhecer a importância da liberdade de investigação científica e dos benefícios decorrentes dos progressos da ciência e da tecnologia, salientando ao mesmo tempo a necessidade de que essa investigação e os consequentes progressos se insiram no quadro dos princípios éticos enunciados na presente Declaração e respeitem a dignidade humana, os direitos humanos e as liberdades fundamentais (UNESCO, 2006).

E, adiante, no artigo 3º, é expressa a determinação de que se respeite o princípio da dignidade da pessoa humana. Abaixo, resta reproduzido, *in verbis*, o dispositivo:

Artigo 3º: Dignidade humana e direitos humanos
1. A dignidade humana, os direitos e as liberdades fundamentais devem ser plenamente respeitados.
2. Os interesses e o bem-estar do indivíduo devem prevalecer sobre o interesse exclusivo da ciência ou da sociedade (UNESCO, 2006).

Essa dignidade é reforçada no artigo 10°, que trata dos princípios da igualdade, justiça e equidade, assim como no artigo 11, que trata da não estigmatização e não discriminação, afirmando que nenhum grupo ou indivíduo deve ser submetido à violação de sua dignidade. Outras menções ao princípio aparecem durante o texto, a exemplo do artigo 12, que afirma ser devido o respeito à diversidade cultural desde que não se infrinja a dignidade, ou o artigo 28, que explica que a *Declaração* deve ser interpretada de maneira favorável à dignidade da pessoa humana (UNESCO, 2006).

Desse modo, a *Declaração universal sobre bioética e direitos humanos*, assim como outros acordos internacionais sobre o assunto, orientam-se no sentido de que as legislações internas das diversas nações sejam elaboradas com o objetivo de respeitar os princípios bioéticos, primordialmente o da dignidade da pessoa humana. Ou seja, este último deve ser considerado um metaprincípio, verdadeiro eixo norteador de toda a atividade que tenha implicações bioéticas. Deve-se entender que a adoção de tal postura evitará que se caiam em armadilhas ideológicas no sentido de burlar os direitos humanos.

Tendo sido feitas essas considerações, passemos ao exame do genoma humano sob o prisma da dignidade da pessoa humana.

2.4.3. O genoma como direito humano

Visto que o presente estudo tem por objeto as implicações bioéticas das novas e avançadas técnicas de engenharia genética que vêm sendo desenvolvidas, é imprescindível que se discuta a inserção do genoma humano em uma perspectiva pautada na dignidade da pessoa humana. O que se busca neste item é explicar que isso corresponde a um direito protegido no âmbito de tratados internacionais, além de ser considerado patrimônio da humanidade pela UNESCO.

O genoma é, de forma bastante simples, a série de genes de uma espécie, carregando todas as informações genéticas pertencentes àquele ser. Há muita discussão em torno da natureza do genoma humano do ponto de vista dos direitos humanos, sendo feitas abordagens do genoma de forma individual e coletiva. Em ambos os casos, o genoma comporta a dignidade da pessoa humana, ou seja, um indivíduo possui sua singularidade em decorrência de seu genoma único, assim como o DNA humano o faz ser quem é, humano (CLOTET, 2006, 114).

O fato de a dignidade da pessoa humana ter um caráter polissêmico não deve reduzir a amplitude de sua abrangência. Independentemente da linha adotada, parece inaceitável que práticas que possam alterar o genoma humano sejam excluídas do seu alcance, uma vez que a identidade de uma pessoa, bem como aquilo que a define como tal, é em grande parte determinada pela sua constituição genética.

A *Declaração universal sobre o genoma humano e os direitos humanos*, de 1997, reconhece expressamente que a pesquisa do genoma humano traz benefícios à humanidade, porém enfatiza que o respeito à dignidade da pessoa humana não pode ser afastado a qualquer pretexto (UNESCO, 1997).

Posteriormente, no ano de 2003, foi aprovada a *Declaração internacional sobre os dados genéticos humanos*. Ambos os documentos foram aprovados pela UNESCO e preocupam-se com a incidência dos direitos humanos nas pesquisas e aplicação prática dos conhecimentos em engenharia genética. Esses dois acordos internacionais serão abordados a seguir.

A *Declaração universal sobre o genoma humano e os direitos humanos*, já no artigo 1º, assim afirma: "O genoma humano constitui a base da unidade fundamental de todos os membros da família humana, bem como de sua inerente dignidade e diversidade. Num sentido simbólico, é o patrimônio da humanidade" (UNESCO, 1997).

As características genéticas de cada indivíduo são, assim, respeitadas de maneira a se evitarem discriminações. Isso porque, independentemente das características genéticas, o ser humano possui dignidade, daí sua diversidade e singularidade deverem ser preservadas. Além disso, a pessoa não se restringe à sua genética, uma vez que sua identidade possui aspectos sociais, morais, espirituais, culturais etc.

Desse modo, o artigo 4º do documento proíbe a comercialização do genoma humano. O artigo 5º apresenta exigências a respeito de pesquisa, tratamento ou diagnóstico que afetem o genoma humano e sobre o consentimento. Assim, os princípios da beneficência e da autonomia são incorporados ao acordo (UNESCO, 1997).

Todavia, no artigo 9º ocorre uma relativização do princípio do consentimento nos seguintes termos:

> Visando à proteção de direitos humanos e liberdades fundamentais, limitações aos princípios do consentimento e da confidencialidade somente poderão ser determinadas pela legislação, por razões consideradas imperativas no âmbito do direito internacional público e da legislação internacional sobre direitos humanos (UNESCO, 1997).

Dando seguimento, o documento trata das pesquisas com o genoma humano, deixando claro que a dignidade da pessoa humana deve ser respeitada em todos os casos. Assim, são proibidas práticas que violam esse princípio, como a clonagem de seres humanos, por exemplo. Por outro lado, a *Declaração* entende ser a liberdade de pesquisa uma parte da liberdade de pensamento, de forma que os avanços que trouxer devem ser disponibilizados a todos, evitando-se a discriminação.

Por fim, fala-se das medidas que os Estados devem tomar para a implantação daquilo que foi estabelecido, sobre a solidariedade e a cooperação internacional, sobre divulgação e implementação da *Declaração* (UNESCO, 1997).

Com relação à *Declaração internacional sobre os dados genéticos humanos*, de 2003, o assunto foi retomado de maneira mais específica. Esse documento reconhece que a coleta de dados genéticos humanos em um dado momento pode não ser indicativa da amplitude de sua capacidade identificadora das predisposições genéticas de um indivíduo. Reconhece também que os dados genéticos têm impacto na família, no grupo e na cultura, e as implicações não necessariamente serão notadas no momento da coleta de dados (UNESCO, 2003).

O primeiro capítulo apresenta as disposições gerais e define certos termos. Alguns desses termos são de grande relevância para o presente estudo, motivo pelo qual serão reproduzidos a seguir.

Artigo 2º: Definições
Para efeitos da presente Declaração, os termos e expressões utilizados têm a seguinte definição:
(i) Dados genéticos humanos: informações relativas às características hereditárias dos indivíduos, obtidas pela análise de ácidos nucleicos ou por outras análises científicas;
(ii) Dados proteômicos humanos: informações relativas às proteínas de um indivíduo, incluindo a sua expressão, modificação e interação;
(iii) Consentimento: qualquer acordo específico, expresso e informado dado livremente por um indivíduo para que seus dados genéticos sejam recolhidos, tratados, utilizados e conservados (...) (UNESCO, 2003).

O artigo 3º da *Declaração* estabelece que cada indivíduo possui uma constituição genética característica, razão pela qual seu genoma deve ser entendido como um direito fundamentado na sua intimidade, ou seja, o patrimônio genético não deve ser entendido apenas como um direito difuso. Isso, todavia, não quer dizer que a identidade de uma pessoa se restrinja a suas características genéticas, constituindo essa apenas um aspecto daquela em meio a toda uma complexidade de fatores, tais como ambiente, educação, cultura, relações espirituais etc. (UNESCO, 2003). Dessa maneira, é necessário que se entenda o genoma como integrante do conceito de dignidade da pessoa humana e, consequentemente, como um direito do homem. Como tal, não pode ser cedido ou alienado, ainda que em nome do progresso biotecnológico.

Os dados genéticos de alguém são direitos de sua personalidade, inerentes à sua intimidade e à sua individualidade. Diante de todos os avanços trazidos pelas ciências, e, consequentemente, das novas questões que esses avanços acarretaram, os debates bioéticos tornam-se primordiais.

Além disso, é importante lembrar que, tendo em vista o fato de a vida consistir em valor fundamental, a sua violação configura atentado contra toda a comunidade internacional. Por essa razão, o filósofo político italiano Norberto Bobbio enquadra os assuntos relacionados à Bioética na quarta geração de direitos fundamentais, o que inclui a engenharia genética (OLIVEIRA, S., 2010, 166-168).

Assim, como os direitos humanos, os direitos atrelados ao genoma devem ser alvo de proteção jurídica, razão pela qual o Biodireito mostra-se tão relevante. As diferentes nações devem, dessa forma, direcionar sua produção legislativa com vistas à proteção dos direitos relativos à dignidade humana, sempre respeitando os princípios bioéticos e os acordos internacionais.

CAPÍTULO III

A formulação do conceito de pessoa na época patrística[1]

Um dos fundamentos da República Federativa do Brasil é a "dignidade da pessoa humana", como lemos no art. 1º da *Constituição Federal* de 1988. Esta fundamentação foi juridicamente possível diante do fato de que a dignidade da pessoa humana encontra uma tranquila receptividade em nossa cultura. Porém, o valor que hoje damos à pessoa humana precisou de séculos para ser reconhecido. Pode-se, pois, perguntar: quando e como foi formulado o conceito de "pessoa"? Quando e como este conceito foi aplicado ao ser humano? Por que tal conceito implica uma consequente dignidade?

Neste capítulo, pretende-se analisar a primeira etapa da longa história do conceito de "pessoa": a correspondente ao período patrístico, que vai desde o início do cristianismo até a definição clássica de Severino Boécio (470-524). Objetiva-se, pois, dar um fundamento ao sucessivo desenvolvimento do termo, que tem suas atuais aplicações também na consideração de novas técnicas de manipulação genética em humanos com fins eugênicos.

---

1. O presente capítulo foi originalmente publicado como: RAMPAZZO, Lino. A formulação do conceito de pessoa no IV e V século e sua atual aplicação na Bioética e no Biodireito. In: CONGRESSO NACIONAL DO CONPEDI, 18, 2009, São Paulo, *Anais do XVIII Congresso Nacional do CONPEDI*. São Paulo: FMU; Florianópolis: Fundação Boiteux, 2009.

3.1. O horizonte histórico em que surgiu a questão do homem como pessoa

Os estudiosos concordam em reconhecer que o conceito de "pessoa" é estranho à filosofia grega. A razão mais profunda deste fato reside no sistema próprio de coordenadas, a partir do qual a filosofia grega tentou determinar a essência e a posição do homem. Um dos eixos deste sistema é formado pelo espírito, considerado algo absoluto e divino, que transcende e ultrapassa o que é do mundo e que é particular. O outro eixo é representado pelo ser material e corpóreo, cuja finalidade é a de individualizar, no caso do homem, as características universais do espírito e enquadrá-las numa determinada parcela da realidade material, da qual o espírito se separa pela morte, a fim de mergulhar novamente no seu anonimato primitivo e universal. Consequentemente, o homem aparece como indivíduo representante de uma espécie, e a vida terrestre é considerada uma decadência ou a passagem para a existência pura do espírito. Acrescente-se a isso a convicção grega da importância absoluta insuperável da ordem política e da cidade, em que o indivíduo era "situado" e visto em sua relação com o Estado, com o coletivo (MARITAIN, 1973).

Nesse pano de fundo não podia nascer uma problemática que se interessasse no ser humano como pessoa. De fato, este conceito acentua o singular, o indivíduo, enquanto a filosofia grega dá importância ao universal, ao ideal, ao abstrato.

O valor absoluto do indivíduo é um dado da revelação judaico-cristã, em que aparece a parceria divino-humana, na qual Deus chama livremente o homem a participar da sua vida. E essa parceria tem como traço característico a ação divina que se destina primeiramente ao homem como pessoa e só mediante certas pessoas (profetas, Jesus Cristo, apóstolos) atinge o homem enquanto tal, universalmente. Na ordem da criação, o homem é elevado acima de todas as coisas criadas do mundo e, ao mesmo tempo, é solidário com toda a criação restante.

Esta ordem da criação contém também o perigo inerente à finitude da liberdade humana. Devido à liberdade, cada homem pode aceitar ou recusar a parceria que Deus lhe oferece; e a morte vem fixar definitivamente a opção da pessoa numa situação de comunhão com Deus ou de recusa a ele. O ponto mais alto da parceria divino-humana se encontra em Jesus de Nazaré, Deus-homem, homem-Deus. Nele, o próprio Deus estende a mão para a parceria e, ao mesmo tempo, proclama a infinita nobreza e a imensa dignidade de cada homem finito e particular. A revelação cristã, pois, não está voltada ao gênero humano de modo abstrato, não diz respeito ao universal, mas é dirigida a todos os homens tomados individualmente, enquanto cada um deles é filho de Deus, chamado à plena comunhão com ele (SCHÜTZ; SARACH, 1980).

Com este horizonte, diferente daquele do mundo grego, estava colocada a premissa, a possibilidade e a necessidade da origem e do desenvolvimento do conceito de pessoa. O impulso imediato para esse processo, porém, exigiu tempo. A ocasião de tal reflexão ocorreu principalmente a partir das disputas teológicas acerca dos grandes mistérios da Trindade e da Encarnação, a cuja solução contribuiu, de forma decisiva, a formulação exata do conceito de pessoa (MONDIN, 2003a).

O termo "pessoa" tornou-se, aos poucos, uma palavra-chave da antropologia ao ponto de ofuscar o sentido recebido nos Concílios de Niceia (325) e Calcedônia (451). Nestes, o termo "pessoa" foi utilizado para falar de Deus e de Cristo; e, na época moderna, este termo parece ser utilizado apenas para falar do homem. Mas, se é verdade que nenhum termo pode ser utilizado para falar de Deus e do homem de maneira unívoca, isso é possível utilizando uma linguagem analógica. Além disso, o princípio pelo qual o homem é considerado "imagem de Deus" leva a teologia a unir o que se fala sobre Deus com o que se fala sobre o homem, sem esquecer com isso a dessemelhança, maior do que qualquer semelhança, que preserva a transcendência divina dentro da relação da analogia.

Para entender, pois, como apareceu o conceito de pessoa é preciso estudar o período patrístico, em que nasceram as disputas teológicas acima citadas.

3.2. A Patrística

Nos primeiros séculos da sua história, a mensagem cristã espalhou-se por todo o território do Império Romano. O Evangelho entrou, assim, em contato com novos povos e com novas culturas. Por isso, tornou-se necessária uma obra de mediação para apresentar o Evangelho a culturas diferentes daquela dos apóstolos, a judaica. Esta obra de apresentação do Evangelho às novas culturas foi realizada pelos "Padres da Igreja", quer dizer, por aqueles que, ao mesmo tempo, puseram as bases da dogmática cristã e do edifício organizacional da Igreja. A sua obra chegou até nós por meio dos escritos que eles nos deixaram, nas línguas grega, latina, siríaca, copta e armênia (RAMPAZZO, 2014). O grego e o latim foram as línguas mais utilizadas, e as obras escritas nestas línguas estão catalogadas com as siglas PG (Patrologia Grega) e PL (Patrologia Latina), que servirão também para algumas de nossas citações.

Do ponto de vista terminológico, o termo "patrologia" indica o estudo dos Padres; e "patrística" é adjetivo e se refere à teologia, ou doutrina dos Padres.

Do ponto de vista histórico, consideram-se três fases:

a) Das origens até o Concílio de Niceia, em 325, tem-se o período dos Padres Apostólicos (séculos I-II), dos Apologistas e dos primeiros sistematizadores da doutrina cristã.

Os Padres Apostólicos recebem esta denominação por terem tido relações mais ou menos diretas com os Apóstolos (por exemplo, São Clemente de Roma, Santo Inácio de Antioquia, São Policarpo de Esmirna).

Os Apologistas (século II), por sua vez, refletem o encontro conflituoso do cristianismo com o mundo judeu, pagão e com a gnose; eles rebatem as acusações e defendem a doutrina cristã, particularmente no que se refere à unidade de Deus e à imortalidade da alma. Destacam-se, entre eles, São Justino, Atenágoras e Santo Irineu.

Quanto aos primeiros ensaios de sistematização doutrinária (século III), temos os exemplos de Orígenes, Tertuliano e Santo Hipólito.

b) A "idade áurea", indo do Concílio de Niceia até o Concílio de Calcedônia, em 451. Nesse período são formuladas as principais definições dogmáticas do primeiro milênio do cristianismo, particularmente graças às obras dos padres gregos (Santo Atanásio, São Basílio, São Gregório de Nissa, São Gregório de Nazianzo e São João Crisóstomo) e latinos (Santo Hilário, Santo Ambrósio, São Jerônimo, Santo Agostinho e São Leão Magno). É nesse período que se formula, pela primeira vez, o conceito de "pessoa".

c) O declínio, indo do Concílio de Calcedônia até o século VIII. O termo declínio se refere mais ao fato de que os padres desse período são menos numerosos que os anteriores. Eles estabelecem um traço de união entre o mundo antigo greco-romano e a cristandade derivada dos povos bárbaros, os quais começam a ser educados por obra de grandes missionários e sob o impulso principal de São Gregório Magno (540-604) (BOSIO, 1963).

3.3. Significados do termo "pessoa"

3.3.1. Na Antiguidade

Na antiga Roma, o culto etrusco da deusa Prosérpina comportava certos rituais em que se carregava uma máscara (*phersu*). Os romanos, mais tarde, adotarão o termo, usando a palavra *persona* (de *per-sonare*, "falar através") para indicar a máscara utilizada habitualmente pelos atores; e, por extensão, designava o papel que eles interpretavam.

No século III a.C., o termo foi utilizado para indicar as pessoas gramaticais. Mais tarde apareceu no sentido de "pessoa jurídica", enquanto fonte de direito. No século I a.C., o mesmo homem podia ter diferentes *personae*, quer dizer, diferentes papéis sociais ou "jurídicos". A personalidade era algo mutável, logo, não essencial.

Na Grécia, o termo *prosopon* significa "rosto"; e também este termo foi utilizado para indicar a máscara de teatro, mas num contexto em que o alcance filosófico do uso aparecia com maior clareza. Para o pensamento grego, o homem não possui nada de único e duradouro: no momento da morte, a alma ou se une a um outro corpo (Platão) ou desaparece (Aristóteles). Dessa maneira, a liberdade não possui um espaço; e, se o teatro manda sonhar a liberdade pondo em cena uma revolta do homem contra a necessidade, esta revolta sempre termina tragicamente. E a ordem do cosmo se impõe novamente (PARTLAN, 2005).

3.3.2. No cristianismo primitivo

Na Antiguidade clássica, um dos procedimentos habituais de narrar consistia em atribuir funções a personagens importantes e mandá-los dialogar; para interpretar esta técnica, utilizava-se uma exegese chamada de "prosopográfica". Os primeiros teólogos cristãos, por exemplo São Justino (séc. II), individuaram na Escritura muitas passagens em que Deus dialoga consigo mesmo (por exemplo, em Gn 1,26; 3,22); mas, no lugar de interpretá-las como ficções literárias, eles viram nisso uma maneira para indicar verdadeiras distinções (PARTLAN, 2005).

Por exemplo, na primeira destas citações, lê-se: "Deus disse: '*Façamos* o homem à nossa imagem, como nossa semelhança, e que eles dominem sobre os peixes do mar, as aves dos céus, os animais domésticos, todas as feras e todos os répteis que rastejam pela terra'" (grifo nosso). O comentário da *Bíblia de Jerusalém* (1985), relativo a esse texto, afirma que o plural "façamos" pode indicar uma deliberação de Deus com sua corte celeste; ou, então, exprimir a majestade e a riqueza interior de Deus, cujo nome comum em hebraico é de forma plural, *Elohim*. Nesta linha se inclina a interpretação dos Padres que aqui viram insinuada a Trindade.

Prova disso é um interessante texto de Tertuliano (*Adv. Prax.*, 12), que podemos ler, a seguir: "Interrogo-te como é possível que um só fale no plural: 'Façamos o homem...' (Gn 2,26)? Se falou no plural é porque já tinha junto a si o Filho, uma segunda *pessoa*, seu Verbo, e uma terceira *pessoa*, o Espírito no Verbo" (apud GOMES, 1979, 249-250, grifo nosso).

Assim, para dar um nome a estas distinções dentro do mesmo Deus uno, Tertuliano, no início do século III, falou de "uma substância" e de "três pessoas" (PL 2,167-168); e, para unir em Cristo o divino e o humano, falou de uma só pessoa, ao mesmo tempo homem e Deus (PL 2,191); dessa maneira, pela primeira vez, o termo latino *persona* recebia todo o seu peso.

Santo Hipólito, também no início do século III, por sua vez, foi o primeiro a utilizar o termo *prosopon* para falar da Trindade (PG 10,821) (PARTLAN, 2005).

3.3.3. Prosopon, persona e hypóstasis

Desde o início do século III as palavras *prosopon* e *persona* tentam designar aquilo que distingue a Trindade (Pai, Filho e Espírito Santo). Pouco depois começa o uso de *hypóstasis*, no Oriente. Por isso, como o exposto, encontramos em Santo Hipólito e em Tertuliano os primeiros "tratadistas" da doutrina trinitária.

Para entender melhor a reflexão sobre o pensamento dos Padres, precisamos distinguir entre "Trindade imanente" e "Trindade econômica". Aquela diz respeito às relações entre as pessoas divinas (Pai, Filho e Espírito Santo) antes da criação do mundo e da redenção operada por Cristo e pelo seu Espírito. E, a partir disso, fala-se de "trindade econômica": adjetivo que aponta para a "economia", etimologicamente o "plano" de salvação da humanidade.

Os Padres, no começo, estão preocupados em definir a ação de Deus rumo à salvação do homem: falam, pois, mais da "trindade econômica" do que da "trindade imanente". Temos um exemplo disso em Santo Hipólito, que escreve em grego. Vejamos dois textos dele, a respeito, na sua *Refutação a Noeto* (n. 7), em resposta à alegação presente no Evangelho de João 10,30 ("eu e o Pai somos um"): "Cristo não disse: 'eu e o Pai sou um só', mas 'somos um'. Com efeito 'somos' não se diz de um, mas de dois: ele indicou dois *prósopa* (pessoas) e uma só *dynamis* (força)" (apud GOMES, 1979, 240, grifo nosso).

Mais adiante, na segunda parte (n. 14), Hipólito formula a si próprio a seguinte objeção, a partir de João 1,1-2 ("No princípio era o Verbo e o Verbo estava com Deus e o Verbo era Deus. No princípio ele estava com Deus").

Se o Verbo estava com Deus sendo Deus, então há de se falar de dois deuses? Não falarei por certo de dois deuses, mas de um só e de duas pessoas pela economia (*prósopa de dyo oikonomia*) e em terceiro lugar da graça do Espírito Santo. Pois o Pai é um, mas as pessoas são duas (*prósopa dyo*), havendo também o Filho e em terceiro lugar o Espírito Santo (apud GOMES, 1979, 240-241).

Por estes textos vemos que Hipólito se situa na perspectiva da economia ao falar das "pessoas" divinas que ele quer afirmar realmente e não só operacionalmente distintas. Ele não explicita ser a economia um reflexo da organização íntima ("trindade imanente") de Deus.

Quanto a Tertuliano, nós encontramos uma teologia mais rica e mais desenvolvida do que a de Santo Hipólito. A Tertuliano deve-se a elaboração de uma linguagem básica, que se consagrou mais tarde. Entre outras coisas, são suas as expressões *trinitas* (trindade), *una substantia, tres personae* (uma substância, três pessoas); e, sobretudo, a contribuição de projetar o mistério trinitário no primeiro plano da reflexão teológica.

Tertuliano quer expor a doutrina de uma Trindade imanente, isto é, cujas pessoas se distinguam não só no plano da manifestação econômica ou das missões, a saber: a "missão", ou "envio" do Filho, por parte do Pai; e o "envio do Espírito" por parte do Pai e do Filho. Mas Tertuliano não chega a dizer que essa distinção seja "desde a eternidade", pois seu olhar contempla esse mistério desde sua relação com a criação e com a história da salvação. Mas Praxéas, contra quem Tertuliano escreve sua obra, não se preocupava com a realidade de Deus antes do começo do mundo; motivo pelo qual a polêmica de Tertuliano não trata desse assunto específico.

Diante de Praxéas, que denunciava, em Deus, uma divisão da substância no fato de o Filho "sair" de Deus no princípio, Tertuliano acentua a distinção dos três sem a separação. No

Adversus Praxeam (2), assim ele escreve: "Três não pela qualidade, mas pela sequência, não na substância, mas no aspecto, não no poder, mas na manifestação" (apud GOMES, 1979, 244).

Quanto ao termo *persona*, Tertuliano usa-o no contexto trinitário umas trinta vezes, em vários sentidos: no sentido gramatical, no sentido literário de personagem do discurso; e também para caracterizar aquilo que empiricamente é o indivíduo humano e que, por analogia, vem atribuído ao Pai, ao Filho e ao Espírito Santo.

Vamos considerar dois textos do *Adversus Praxeam* a respeito, sublinhando o uso do termo *pessoa*. O primeiro destes se refere ao Salmo 2,7: "Vou proclamar o decreto de Iahweh: Ele me disse: 'Tu és meu filho, eu hoje te gerei...'".

Sobre isso, Tertuliano faz o seguinte comentário (n. 11):

> Far-se-ia Deus ser mentiroso se, sendo ele próprio o Filho atribuísse (em Salmo 2,7) a outro a *pessoa* do Filho. Na verdade, todas as Escrituras atestam a distinção trinitária, e delas deriva nossa prescrição: a de que não pode ser um e o mesmo o que fala, aquele de quem se fala e aquele a quem fala.

O segundo texto apresentado se refere a João 10,30: "Eu e o Pai somos um". Tertuliano comenta (n. 22):

> A expressão "Eu e o Pai" significa dois sujeitos; e, depois, que "somos" indica um plural, não uma só *pessoa*; e enfim que "somos um" não indica o mesmo que "somos uma *pessoa* só" (...) Quando diz que dois, do gênero masculino, são uma só coisa, no neutro – e isto diz respeito não à singularidade mas à unidade, à semelhança, à união, à dileção pela qual o Pai ama o Filho, à obediência do Filho para com a vontade do Pai (...) mostra que os que são igualados e unidos são dois (apud GOMES, 1979, 249-250).

Neste texto, é interessante como Tertuliano utiliza o termo "pessoa" em sentido ao mesmo tempo gramatical e de "indivíduo". Tanto a língua grega, na qual está escrito o Evangelho de João, quanto a língua latina, usada por Tertuliano, possuem os gêneros masculino, feminino e neutro. Além disso, o autor fala de "sujeitos" e de "plural". A partir destas bases gramaticais, aparecem as considerações de caráter teológico expressas pelo termo *pessoa*.

Vamos, agora, considerar o uso e o significado do termo grego *hypóstasis*. Do ponto de vista etimológico, o termo deriva do verbo *hyphístamai* (GOMES, 1979, 251), que significa "subjazer". Significa, pois, o que está debaixo: apoio, sedimento, fundamento etc.; um significado que adquire determinações ulteriores segundo o contexto.

No uso pré-filosófico e bíblico (por exemplo, Hb 1,3; 3,14; 11,1), o sentido, em geral, é o mesmo, o da realidade que jaz sob as manifestações: a coragem, que se exterioriza no vigor; o plano, que resulta na construção etc., ou também o da realidade em oposição à sombra e à imagem. Assim aparece também em vários escritos patrísticos, nos séculos II e III.

Por exemplo, em Hebreus 1,3, lê-se: "Ele [o Filho] é o resplendor de sua glória e a expressão do seu ser (*hypostáseos*)". Neste caso, *hypostáseos*, genitivo de *hypóstasis*, indica a "realidade" divina expressa no Filho. Já em Hebreus 11,1, lê-se: "A fé é uma posse antecipada do que (*hypóstasis*) se espera", e aqui também *hypóstasis* indica a "realidade", "aquilo que é".

Como termo filosófico, a palavra entra na filosofia por meio dos estoicos, que a empregavam como sinônimo de *ousia*: o ser primitivo, a essência enquanto emerge e se manifesta nas coisas. No plotinismo, o termo indicava as verdadeiras e perfeitas realidades (o espírito, a alma, o Um) e era traduzido com o termo latino *substantia*.

O primeiro ensaio de diferenciação entre *ousia* e *hypóstasis* se deve, na área da teologia, a Orígenes, na metade do século III. Na sua obra *Contra Celso* (8,12), as pessoas da Trindade foram chamadas pela primeira vez de *hypostáseis*. Após afirmar a unidade de Deus, diz que não se exclui que "o Pai e o Filho sejam duas *hypostáseis*".

Em outro contexto, no *Comentário sobre João* (2,10,75) fala de "três *hypostáseis*", referindo-se ao Pai, ao Filho e ao Espírito Santo.

Nessa mesma obra, Orígenes afirma que as *hypostáseis* constituem uma "adorável, eterna Tríade" (166). Não são três seres separados como três princípios, pois o princípio é o Pai, a "fonte da divindade", o "próprio Deus" (2,3,20) (apud GOMES, 1979, 252-253). Evita-se, assim, o triteísmo, mas não um certo subordinacianismo. Este último termo define aquela concepção da Trindade em que o Filho é considerado inferior ao Pai; e o Espírito inferior ao Pai e ao Filho. O subordinacianismo será superado com as declarações dos Concílios, o que será analisado mais adiante.

Devido a certa equivocidade na linguagem de Orígenes quanto à transcendência da Tríade, entre seus seguidores encontram-se duas correntes: a que acentua a comunhão das *hypóstáseis*, que desembocará na afirmação da *homoousia* do Concílio de Niceia; e a que se radicaliza no subordinacianismo de Ario, que recusa a coeternidade das *hypostáseis* do Verbo e do Espírito.

3.4. O Concílio de Niceia (325)

A doutrina de Ario foi condenada, pela primeira vez, no ano de 320, durante um Sínodo convocado por Alexandre, bispo de Alexandria. Mas a decisão não foi pacífica e os dois partidos de então, arianos e antiarianos, acabaram se chocando de maneira até violenta. A questão teológica tinha-se tornado um problema de paz social a ponto de o Imperador Constantino intervir e tentar pôr fim à questão convocando, no ano de 325, um Concílio, em Niceia, no qual participaram cerca de 300 bispos, a maioria deles oriental (FRANGIOTTI, 1995).

O Concílio de Niceia condenou o arianismo no seu ponto central: a negação da plena divindade de Jesus Cristo. Por esta razão não explicitou a doutrina trinitária em toda a plenitude em que ela já emergia na consciência cristã. O Credo de Niceia fala de Deus Pai todo-poderoso, do Senhor Jesus Cristo e do Espírito Santo, propondo a Trindade a partir dos nomes e da perspectiva de sua manifestação na "economia" da salvação da humanidade. Desenvolve, assim, o tema da *homoousia* (= da mesma substância) somente do Filho de Deus: "gerado", "não criado", "da mesma substância" do Pai, mas acrescentando no fim o anatematismo, quer dizer, a excomunhão, a quem dissesse não ser ele eterno ou então proveniente de outra *hypóstasis* ou *ousia* (SCHMAUS, 1977, 112-113).

Vê-se, então, que a palavra *hypóstasis* vem tomada como sinônimo de *ousia*. Com efeito, até essa época, o termo não tinha adquirido o significado técnico da teologia e doutrina posteriores.

3.5. A contribuição dos capadócios

Do ponto de vista teológico, o período entre o Concílio de Niceia (325) e o do primeiro Concílio de Constantinopla (381) foi caracterizado pelos debates em torno das palavras *homooúsios* e *hypóstasis*, e em torno da equivalência entre *hypóstasis* e *prosopon*, ou *persona*.

Assim, em 362, no Sínodo de Alexandria, sob a direção de Santo Atanásio, foi considerada legítima a fórmula "três *hypostáseis*", desde que não significasse "três princípios, ou três deuses", isto é, "três *ousiai*". Mas, ao mesmo tempo, era aprovada a fórmula "uma *hypóstasis*", se entendida como equivalente a "uma *ousia*" (GOMES, 1979, 260). Além desta questão terminológica, desenvolve-se no mesmo período a doutrina sobre o Espírito Santo, tema cercado de certa obscuridade.

O termo "Espírito Santo" designava, não raramente, a natureza divina, ou o dom da graça. Nem nos autores ocidentais (Novaciano) nem nos orientais (Orígenes) havia noções bastante claras quanto à personalidade divina do Espírito Santo e sua consubstancialidade com o Pai e o Filho. O citado Orígenes, por exemplo, atribuía ao Espírito uma atuação menos vasta que a do Pai e do Filho na economia da salvação: para ele, a ação do Pai se estende a toda a realidade, a do Filho se limita aos seres racionais e a do Espírito Santo se limita à ordem da santificação (GOMES, 1979, 261). Não podemos esquecer, além disso, que o arianismo, depois de declarar o Filho "criatura" do Pai, declarava o Espírito "criatura" do Filho.

Aos Padres Capadócios coube realizar a elaboração filosófica e doutrinária desses conceitos. Chamam-se "capadócios" pela região onde eles nasceram e atuaram, no século IV, a Capadócia, situada na atual Turquia, e correspondem aos nomes de São Basílio, São Gregório de Nissa e São Gregório Nazianzeno.

O Padres do Concílio de Niceia, como vimos, tinham usado como sinônimos *ousia* e *hypóstasis*, no sentido de "substância".

Os arianos, seguindo Orígenes, atribuíam a *hypóstasis* o sentido de "pessoa"; por isso a expressão *mya hypóstasis* indicava para eles "uma só pessoa".

São Basílio (330-379), porém, define *ousia* como "o que é comum a todos os indivíduos da mesma espécie". Mas esta *ousia*, para existir realmente, precisa possuir os caracteres individuantes (*idiotetes*) que a determinam. Acrescentando à *ousia* estes caracteres, tem-se a *hypóstasis*, a saber, o indivíduo determinado existente a parte (*to kath'exaston*).

> Devemos, pois, ao que é comum, acrescentar o que é próprio e professar assim a fé: comum é a divindade, própria é a paternidade. Unindo estas duas coisas, devemos dizer: Creio em Deus Pai. O mesmo se deve fazer confessando o Filho: é preciso acrescentar o que é comum ao que é próprio e dizer: Creio em Deus Filho. E assim também o Espírito Santo... (Ep. 236,6) (apud BOSIO, 1964, 73).

Em Deus há uma única substância (*ousia*) em três *hypostáseis* (pessoas), que possuem em comum a substância, mas se distinguem pelos caracteres individuantes: *mya ousia, tréis hypostáseis* é a expressão característica de São Basílio.

Causa e ocasião de tal definição foi o cisma meleciano, em que Paulino, como velho niceno, falava de uma só *hypóstasis* divina (= *ousia*), enquanto Melécio professava *tréis hypostáseis* (não *ousia*). Como propriedades pessoais em Deus, São Basílio enumera a paternidade, a filiação e a santificação (ALTANER; STUIBER, 1972, 299). Além disso, São Basílio ensinou resolutamente em seus escritos a divindade e consubstancialidade do Espírito Santo.

São Gregório Nazianzeno (329-390), por sua vez, usa esta outra expressão: *Mya fysis en trisin idiótesin*, ou seja, "uma natureza em três individualidades" (Orat., XXXIII, 16). Esta terminologia se torna comum na Ásia Menor na metade do século IV. Tanto São Basílio quanto São Gregório Nazianzeno preferem evitar o termo *prosopon* pelo seu significado habitual de "máscara", "aspecto externo".

Caráter próprio do Pai é a *agennesia* (não geração); do Filho a *gennesia* (a geração) e do Espírito Santo a *expouresis* (processão) ou *expempsis* (envio, emissão). São Gregório Nazianzeno é o primeiro a designar as diferenças entre as três pessoas divinas com esta terminologia (Orat., XXV, 16). Além disso, professa clara e formalmente a divindade do Espírito Santo: dele é, pois, a expressão "Espírito Santo e Deus" (apud BOSIO, 1964, 73.149).

Quanto a São Gregório de Nissa (335-394), na mesma linha de interpretação, podemos ler o seguinte texto:

> O Pai é a substância (*ousia*), o Filho é substância, o Espírito Santo é substância, mas não há três substâncias. O Pai é Deus, o Filho é Deus, o Espírito Santo é Deus, mas não há três deuses. Deus é um só e o mesmo porque a substância é única e mesma, apesar de que cada uma das Pessoas se chame subsistente e Deus (apud BOSIO, 1964, 73).

Os Capadócios admitem, pois, um só Deus, em três pessoas distintas, consubstanciais entre elas. Elas possuem unidade de substância, de operações, de vontade e de ação. Para distinguir as "três" pessoas (Pai, Filho e Espírito Santo), eles utilizam o termo *hypóstasis*; e, para afirmar sua unidade, servem-se do termo *ousia*. Eles, pois, definem *ousia* como natureza, ou substância comum; e *hypóstasis* como o aspecto individual de determinação e de distinção. Dessa maneira, o Pai é afirmado na sua característica de princípio, não gerado; o Filho, como o gerado e o Espírito Santo, como aquele que procede do Pai através do Filho. Daí nasce a fórmula *mya ousia, tréis hypostáseis*, "uma substância, três hipóstases" (MILANO, 1985).

Aplicada ao homem, a distinção entre natureza e pessoa permite indicar um limite: no homem a natureza precede a pessoa de tal maneira que nada pode concentrar em si a totalidade da natureza humana; e, por isso, a morte de um não comporta a morte de todos. Em Deus, ao invés, nenhuma limitação da pessoa por parte da natureza é concebível. Nele, natureza e pessoa, unidade e multiplicidade coincidem e nenhuma das pessoas é concebível sem as outras. As três pessoas definem a natureza e suas relações pertencem à essência da divindade, ao ponto que São Basílio coloca no mesmo plano a natureza divina e a comunhão das pessoas divinas: "Na natureza divina e incomposta, na comunhão da deidade, há a união" (PG 32, 149 C). A comunhão das pessoas divinas possui uma ordem intrínseca. Deus não tem origem (*arché*), mas a pessoa do Pai é, em Deus, origem e causa (*aition*), como afirma São Gregório de Nissa (PG 45, 133 B e 180 C). Há, pois, uma pessoa na origem do ser, a pessoa do Pai, liberdade absoluta, em comunhão com o Filho e o Espírito. Obtém-se, assim, um esquema da verdadeira existência pessoal; e, como o homem é criado à imagem e semelhança de Deus, este esquema deverá encontrar uma valência também antropológica (PG 45,24 C-D) (apud PARTLAN, 2005).

As intenções do Concílio de Niceia foram, assim, expressas de forma melhor, chegando a aplicar a noção de "consubstancialidade" à terceira *hypóstasis* divina, o Espírito Santo, contra os assim chamados "pneumatômacos", etimologicamente "inimigos do espírito", os arianos que negavam a divindade do Espírito Santo.

O Primeiro Concílio de Constantinopla, de 381, com a definição da divindade do Espírito Santo, podia, assim, retomar e aperfeiçoar o símbolo de Niceia, fixando as estruturas fundamentais do dogma trinitário de maneira substancialmente definitiva (MILANO, 1985).

3.6. A questão cristológica

Resolvida a questão "trinitária", aparecia, então, a questão cristológica. Em outros termos, era necessário responder como se associavam em Cristo a humanidade e a divindade. A esse respeito, encontram-se várias respostas: o nestorianismo separará o Filho de Deus (Verbo) do filho de Davi (homem); e o monofisismo professará uma única natureza (*physis*), aquela do Verbo, revestida de carne. Árbitras entre as duas respostas serão as definições cristológicas dos Concílios de Éfeso (431) e de Calcedônia (451).

A problemática, que pode parecer apenas teológica, tem seus reflexos antropológicos, como veremos: aqui também o uso do termo "pessoa" (*hypóstasis*) será fundamental. Os outros termos acima indicados serão explicados a seguir.

Na base das controvérsias cristológicas, encontram-se duas escolas de tendências opostas: aquela de Alexandria ressalta a divindade e a unidade da pessoa de Cristo. A preocupação pela unidade, nas suas afirmações mais ousadas, desembocará no monofisismo (etimologicamente "uma só natureza", *physis*), para o qual a humanidade de Cristo é "absorvida" na divindade. Representante desta corrente é Êutiques de Constantinopla.

A escola de Antioquia, por sua vez, ressalta a distinção das duas naturezas até considerar o Verbo (Filho de Deus), por um lado, e o homem Jesus, por outro, como duas pessoas distintas. Representante desta outra tendência será Nestório, patriarca de Constantinopla, que antes havia sido monge em Antioquia. A doutrina por ele professada recebe, pois, o nome de "nestorianismo". Nestório afirmava que, na união entre o Verbo e Jesus, cada natureza (*ousia* ou *hypóstasis*) possui a própria pessoa *(prosopon)*; e, dessa união, nasceu uma terceira "pessoa" (*prosopon*), que é a pessoa de Jesus. Consequentemente, há apenas uma união "moral" entre o Verbo e Jesus; não morreu o Deus encarnado, mas apenas o homem Jesus. O *prosopon* da união não é o mesmo *prosopon* do Verbo antes da Encarnação. As ações da pessoa de Cristo não podem ser atribuídas ao Verbo. Maria não pode ser chamada de "mãe de Deus" (*theotókos*), mas apenas "mãe de Cristo" (*Xristotókos*) (BOSIO, 1964, 369-372).

Como se vê, Nestório usava o termo *prosopon* para falar da "pessoa"; e *hypóstasis* era, para ele, sinônimo de *ousia* (natureza). Nestório ressaltava a humanidade plena de Jesus em face de todas as mutilações e reduções; ele via na cristologia alexandrina um perigo desse tipo. E, por isso, seu adversário foi exatamente o patriarca de Alexandria, São Cirilo.

O interesse histórico-salvífico devia levar a uma formulação da doutrina em que ficasse clara a união entre Deus e o homem, realizada em Cristo. De fato, se Cristo não fosse homem, não representaria a humanidade; e, se não fosse Deus, a salvação divina não aconteceria. Nesta formulação, se, por um lado, Nestório ressaltava a distinção entre o humano e o divino em Cristo, Cirilo, por outro lado, ressaltava a unidade que ele descreve mediante as expressões "uma única natureza (*physis*, ou *hypóstasis*) do Verbo feito carne" (SCHMAUS, 1977, 170).

Diante da rivalidade entre as duas escolas e os dois patriarcas, o papa Celestino encarregou São Cirilo de aplicar as decisões de um Sínodo de Bispos realizado em Roma em 430, em que foi declarada heterodoxa a doutrina de Nestório e legítimo o título de "mãe de Deus" (*theotókos*) aplicado a Maria (BOSIO, 1964, 422). No ano seguinte, o nestorianismo foi novamente condenado no Concílio de Éfeso (431), que confirmou o título de *theotókos*, aplicado a Maria, em conformidade com uma carta (a segunda) de Cirilo a Nestório. Só no ano de 433, porém, chegou-se a uma união real entre os teólogos antioquenos e alexandrinos, graças aos esforços de João de Antioquia para restabelecer a paz (SCHMAUS, 1977, 171). De fato, os termos usados por São Cirilo, que falavam de "uma única natureza" em Cristo, podiam ser interpretados como monofisismo, no sentido acima indicado. Além disso, ele usava os termos *physis* e *hypóstasis* indiscriminadamente, tanto para designar a natureza quanto a pessoa. É verdade que São Basílio havia forjado para a Trindade a fórmula *tréis hypostáseis, mya physis*; e, no início, São Cirilo também dizia *tria prosopa* em Deus; quanto a Cristo, porém, não se ousava dizer *mya hypóstasis*: isso vai acontecer só com o Concílio de Calcedônia, em 451 (ALTANER; STUIBER, 1972, 291).

De qualquer forma, o símbolo da união entre as escolas antioquena e alexandrina, formulado sob orientação de João de Antioquia e aceito por São Cirilo, proclama: "Aconteceu uma união de *duas naturezas*, e por isso confessamos um só Cristo, um só Filho, um só Senhor. Considerando esta união sem mistura, confessamos a santa virgem Maria como Mãe de Deus" (ALFARO, 1973, 65).

Este texto, na realidade, constituía um compromisso. Apresentava, por certo, a doutrina ortodoxa, porém cada uma das partes podia interpretá-la em sentido contrário. No curso da crescente discussão (SCHMAUS, 1977, 171), Dióscoro, sucessor de São Cirilo, não só concebeu a unidade entre o divino e o humano como união na pessoa de Cristo, mas ainda dele predicou uma única natureza humano-divina. Em Constantinopla, o arquimandrita Êutiques uniu-se a Dióscoro. Ambos conseguiram a autorização do imperador Teodósio II para convocar um sínodo (449), de cuja participação excluíram os bispos contrários a Êutiques. Na ocasião, foi confirmada a doutrina deste.

O papa São Leão Magno interveio na disputa com uma famosa *Epístola dogmática*, dirigida ao patriarca Flaviano de Constantinopla, que, em 448, tinha condenado Êutiques em um sínodo realizado nessa mesma cidade. Nessa *Epístola*, São Leão tomou posição contra a tese monofisita. As disputas conduziram ao Concílio de Calcedônia (451), convocado pelo imperador Marciano (BOSIO, 1964).

Como tinha acontecido em Niceia com relação ao dogma da Trindade, no Concílio de Calcedônia foi proclamado o dogma cristológico. O texto do Concílio assim se expressa:

> é preciso confessar um só e mesmo Filho, nosso Senhor Jesus Cristo; perfeito na divindade e perfeito na humanidade, verdadeiro Deus e verdadeiro homem; de alma e de corpo racional; consubstancial ao Pai, quanto à divindade, e consubstancial conosco quanto à humanidade; (...) reconhecemos um só e o mesmo Cristo, Filho, Senhor, unigênito em duas *naturezas*, inconfundível, imutável, indivisível, inseparável; sem se suprimir jamais a diferença das naturezas por causa da união, antes conservando cada natureza sua propriedade e concorrendo numa só pessoa (*prosopon*) e numa só *hypóstasis*, não partida ou dividida em suas pessoas, mas um só e o mesmo Filho unigênito, Deus Verbo, Senhor Jesus Cristo... (apud SCHMAUS, 1977, 171; DENZINGER; SCHÖNMETZER, 1973, 108).

O Concílio de Calcedônia quis formular sua definição, confirmando os posicionamentos anteriores dos Concílios de Niceia (325) e Constantinopla (381) e do símbolo antioqueno (433). O Símbolo de Calcedônia acolheu, do mesmo modo, o interesse de São Cirilo de Alexandria e das declarações de fé do papa São Leão Magno em seu escrito a Flaviano.

A acentuada insistência em que um mesmo é o que sob um aspecto vive desde a eternidade, e sob outro aspecto nasceu no tempo, mostra como se levou em conta o móvel defendido pelos teólogos alexandrinos, a unidade em Jesus Cristo. Esse móvel, porém, já não é expresso como em São Cirilo de

Alexandria, com a fórmula da *natureza* una. Antes, de acordo com a grande preocupação da teologia antioquena, fala-se com igual insistência da verdadeira e íntegra humanidade de Jesus Cristo (SCHMAUS, 1977, 172).

Quanto à técnica conceitual, o Concílio renunciou ao termo *physis* para designar a união, como acontecia na teologia alexandrina. Viu-se obrigado a isso pelo simples fato de que os monofisitas abusavam do termo para defender suas teses. Com a palavra *physis*, o Concílio designa a dualidade e não a unidade. Isto supôs uma mudança de significado do termo. Enquanto São Cirilo usava o termo para significar a natureza concreta, subsistente por si mesma como indivíduo, na acepção conciliar a palavra recebeu o significado de essência abstrata no sentido aristotélico. Ao invés, os termos *prosopon* e *hypóstasis* foram usados para designar o princípio pelo qual as duas naturezas existem na pessoa do *Logos* divino (SCHMAUS, 1977, 173). De qualquer forma, mais que num sentido realmente filosófico-científico, o Concílio empregou tais conceitos em sentido filosófico-popular. Deixou, porém, de esclarecer a relação do conceito de *hypóstasis* ou *prosopon* com o de *physis*. Não se refletiu, pois, sobre a questão de como subsiste a natureza humana de Jesus na pessoa do *Logos* divino; ou, em outros termos, como a natureza humana pode conservar sua realidade carecendo da personalidade que lhe corresponde. No entanto, constitui um progresso decisivo, com relação às discussões anteriores, o fato de o concílio ter definitivamente aplicado as expressões *physis* e *hypóstasis* ao âmbito da natureza e da pessoa, respectivamente, criando um modo de falar válido para todo o futuro, segundo o qual se afirma em Cristo duas naturezas (*physeis*) e uma pessoa (*prosopon* ou *hypóstasis*). Com isso, a terminologia já usada no campo trinitário foi transplantada definitivamente para a cristologia.

3.7. Santo Agostinho: o homem é pessoa

Na teologia latina, Santo Agostinho assumiu a terminologia que já tinha sido adotada anteriormente por Tertuliano ao falar de "uma só essência e três pessoas" (*una essentia – tres personae*), com referência à Trindade (SCHMAUS, 1977, 114;

GOMES, 1979, 283-286). Além disso, ele enriqueceu para sempre a doutrina sobre a Trindade na base de seus esclarecimentos psicológicos. Ele via, na vida do espírito humano, diversas analogias da existência trinitária de Deus: por exemplo, a tríade "memória, inteligência e amor" (*memoria, intelligentia et amor*; *De Trin.*, XV,22.42 apud GOMES, 1979, 293). Segundo Santo Agostinho, os atos intradivinos da geração, nos quais o Pai gera o Filho, e da espiração, no qual o Pai e o Filho estão na origem do Espírito, devem ser entendidos como ações espirituais de entender e de amar.

Esta comparação entre o divino e o humano se reflete – o que nos interessa particularmente – na aplicação da palavra "pessoa" também ao homem.

Com a intenção de encontrar um termo que se possa aplicar distintamente ao Pai, ao Filho e ao Espírito Santo sem correr, de um lado, o risco de fazer deles três deuses e, de outro, sem dissolver a sua individualidade, ele mostra que os termos "essência" e "substância" não têm essa dupla virtude. Ela, pelo contrário, pertence ao termo grego *hypóstasis* e ao seu correlativo latino *persona* (pessoa), o qual "não significa uma espécie, mas algo de singular e de individual" (*De Trin.*, VII,6.11). Analogamente este termo aplica-se também ao homem (*De Trin.*, XV,7.11): "Cada homem individualmente é uma pessoa" (*singulus quisque homo una persona est*).

Vejamos diretamente os textos de Santo Agostinho a esse respeito.

Na analogia de "memoria, entendimento e amor", aplicadas ao homem e a Deus, ele afirma:

> Estas três coisas, memória, entendimento e amor, são minhas, não se pertencem a si; e o que fazem não fazem para si, mas para mim, ou melhor sou eu que atuo por meio delas... Eu recordo, compreendo e amo servindo-me dessas realidades, embora não seja eu a minha memória nem meu entendimento nem meu amor, e sim as possua em mim... Mas na suprema simplicidade que é Deus, sendo ele embora um só Deus, são três *pessoas*, o Pai, o Filho e o Espírito Santo (*De Trin.*, XV,22.42).

Vamos ver, agora, como Santo Agostinho aplica a Deus os termos "pessoa", "natureza" e "essência"; e também como aplica ao homem o termo "pessoa":

> Estas três realidades [memória, entendimento e amor] estão no homem, não são o homem (...) *Uma pessoa, quer dizer cada homem singular*, tem em sua alma estas três coisas... Porém, podemos acaso dizer que a Trindade está em Deus, como uma coisa de Deus, sem ser Deus? (...) Nada pertence à *natureza* de Deus que não pertença à Trindade; e as Três *Pessoas* são uma *essência*, mas não à maneira como o homem individual é uma *pessoa* (*De Trin.*, XV,7.12; grifo nosso).

Voltando à analogia de "memória, entendimento e amor", podemos perguntar qual é o lugar do homem em que se encontra essa imagem de Deus para Santo Agostinho. Essa imagem não está nem no "homem exterior" nem na comunidade familiar, mas na natureza espiritual (*secundum rationalem mentem*). Ali se acha a verdadeira, ainda que imperfeita, imagem, na medida em que o espírito humano, necessariamente consciente de si, apresenta uma estrutura trinitária essencial (GOMES, 1979, 189-190).

De fato, o que dá originalidade ao pensamento de Agostinho é a perspectiva essencialmente interior. Seu princípio inspirador é, pois, o seguinte: "Não saias de ti, volta-se para ti mesmo, a verdade habita no homem interior" (*Noli foras ire, in-teipsum redi: in interiore homine habitat veritas*) (*De vera relig.*, 39,72 apud MONDIN, 2003b, 140). Em outros termos, Agostinho reflete sobre a verdade não fora, como se se tratasse de coisa estranha, mas dentro, examinando a própria alma (MONDIN, 2003b).

Em suma, a contribuição de Agostinho é decisiva em dois pontos de vista: a descoberta da interioridade e a passagem analógica do conceito de pessoa em Deus à ideia de pessoa aplicada ao homem.

A descoberta da interioridade leva o pensamento cristão à certeza de que o eu-pessoa é o centro de decisões livres. Importa notar que, se compararmos a evolução do significado do termo "pessoa", seja na língua grega, seja na latina, podemos concluir que se encontra um conteúdo exatamente oposto. Antes "pessoa" indicava as várias identidades que podiam ser aplicadas a um ser humano, em diferentes situações, conforme o papel que precisa desenvolver nestas situações. Mas, no vocabulário cristão, o termo "pessoa" passa a indicar a irredutível identidade e unicidade de um indivíduo. "Pessoa", indica, pois, aquele centro único de atribuição ao qual fazem referência todas as ações do indivíduo que as unifica em sentido sincrônico, permanecendo diacronicamente "na base", em seu "substrato". É interessante, a esse respeito, considerar o sinônimo de pessoa: "subsistência", que, ao pé da letra, significa, pois "o que está debaixo" (CAFFARRA, 1997).

Isso aparece, de maneira mais clara, com a clássica definição que Boécio fornecerá, nos termos de "substância individual de natureza racional" (*naturae rationalis individua substantia*, PL 64, 1343). A existência humana é, pois, uma existência substancial, que existe em si e para si; e é ainda mais verdade que a racionalidade é essencial ao homem. Mas esta definição não pode ser aplicada na teologia trinitária, porque ela coloca em primeiro plano o ser em si (asseidade) e não a inter-relação (o ser para, *esse ad*); nem pode ser utilizada na cristologia, pois não permite pensar o ser-em-outro que é próprio da natureza humana de Cristo.

No fundo, a definição de Boécio acaba levando o termo "pessoa" a ser aplicado nos séculos sucessivos quase exclusivamente ao homem.

Por outro lado, a matriz "teológica" do uso do termo levava a aplicar ao homem, "imagem e semelhança" de Deus, algumas propriedades divinas: a inteligência, o amor, a liberdade, a espiritualidade e, particularmente, o reconhecimento de uma sacralidade que é fundamental para reconhecer a dignidade da pessoa humana; essa sacralidade é a base essencial para o desenvolvimento do discurso ético.

É interessante, depois da análise das várias etapas que, a partir de discussões teológicas, levaram a aplicar para cada homem o conceito de pessoa, citar o que escreveu o filósofo marxista francês Roger Garaudy a respeito disso: "O cristianismo criou uma nova dimensão no homem: a da pessoa humana... O pensamento da antiga Grécia não estava em condições de conceber que o infinito e o universal pudessem exprimir-se em uma pessoa" (GARAUDY, 1963, 63).

As consequências destas afirmações atingem outras áreas, particularmente a ética e o direito, e encontram contínuas, novas e inesperadas aplicações. Mais especificamente, as novas técnicas de manipulação genética são sempre respeitosas do princípio da dignidade da pessoa humana?

O esquecimento deste valor, com suas implicações também jurídicas, seria uma volta ao passado, onde o homem era reconhecido apenas como espécie e não como indivíduo; ou pior, considerando as atuais possibilidades tecnológicas, colocaria em risco a mesma existência da espécie humana e até do planeta Terra.

CAPÍTULO IV

A dignidade da pessoa humana no personalismo de Mounier

À singularidade do ser humano, ao contrário das outras coisas que o circundam, costuma-se chamar "pessoa". O problema da pessoa foi, frequentemente, debatido na história da filosofia, mas nunca, como hoje, esteve no centro das atenções dos estudiosos. Atualmente por ele se interessam quase todos, principalmente os filósofos, alguns dos quais fizeram da noção de "pessoa" o epicentro das suas reflexões, dando origem a uma visão filosófica que recebeu o nome de "personalismo". O problema da pessoa é estudado também por psicólogos, por psicanalistas, por educadores, por políticos, por juristas, por teólogos. Nos conflitos ideológicos e políticos, com frequência, toma-se o respeito aos direitos da pessoa humana como medida para determinar a bondade de uma ideologia, de um sistema político e até de aplicações da tecnologia sobre o ser humano.

Os estudiosos concordam em reconhecer que o conceito de pessoa é estranho à filosofia grega, como foi considerado no capítulo anterior. De fato, o conceito de pessoa acentua o singular, o indivíduo, enquanto a filosofia grega dá importância só ao universal, ao ideal, ao abstrato. Por outro lado, o valor absoluto do indivíduo é um dado da revelação cristã. Ela, de fato, não está voltada ao gênero humano de modo abstrato, não diz respeito ao universal, mas é dirigida a todos os homens tomados individualmente, enquanto cada um deles é filho de Deus.

O problema da pessoa adquiriu uma importância totalmente singular durante o século XX, sobretudo por meio dos seguintes autores: Charles Renouvier, o primeiro a utilizar a palavra "personalismo", ainda no ano de 1903; Emmanuel Mounier; Martin Buber; Max Scheler; Gabriel Marcel; Maurice Nédoncelle; Romano Guardini; Paul Ricoeur; Martin Heidegger; Edgar Brightman; Paul Landsberg; Giorgio Campanini; Attilio Danese; Giulia Paola di Nicola. Em todos esses autores há uma recuperação da singularidade do homem e da complexidade do seu ser, enquanto constituído não só de espírito, mas também de matéria.

Dom Benedito Beni dos Santos, bispo emérito de Lorena, que atuou como professor nos cursos de Filosofia e de Teologia, assim apresenta a filosofia personalista:

> O *personalismo*, embora tenha surgido no início do século XX, só conquistou a sua cidadania no campo da filosofia na segunda metade do século. Sobretudo desenvolveu-se, nesse período, a vertente cristã do *personalismo* graças à obra de Emmanuel Mounier, sobretudo no seu livro *Le personnalisme*, publicado em 1949. Podemos afirmar que o *personalismo* realizou o propósito de Karl Marx: fazer a filosofia descer das alturas da abstração para a vida concreta; ser um instrumento não só de interpretação, mas também de transformação da realidade. O *personalismo* se insere nesta perspectiva. Ele é, ao mesmo tempo, filosofia, atitude perante a realidade e ação. Considera o ser humano como totalidade: todo ele corpo e todo ele espírito. Ainda mais, considera o homem na perspectiva da evolução: toda a história do universo desemboca no homem. Nesse sentido, podemos dizer que o *personalismo* foi um antecedente da visão evolucionista cristã de Teilhard de Chardin. Próprio ainda do *personalismo* é afirmar a transcendência do homem. Ele não é apenas um elemento da natureza, um ser entre outros seres, mas é sujeito: dá nome às coisas e age sobre elas. Essa soberania que o homem exerce sobre as coisas tem, como resultado, a cultura em todos os seus aspectos. Grande é a contribuição do *personalismo*, ainda hoje, no campo da liberdade, da comunicação, da compreensão e defesa da

dignidade humana. Acentuo, sobretudo, a contribuição do *personalismo* no campo da ética. Trata-se não apenas de uma ética de atos, mas de uma ética da pessoa. Para o *personalismo*, não se trata apenas de colocar atos bons, mas sim de tornar a pessoa eticamente boa, ou seja, virtuosa, pois a boa árvore dá sempre bons frutos (SANTOS, 2012, 9-10).

Na mesma linha dessa apresentação, ensejamos analisar o pensamento de Emmanuel Mounier na citada obra *Le personnalisme*, considerando os seguintes itens: quem foi Emmanuel Mounier? Como ele desenvolveu sua filosofia personalista na significativa obra *O personalismo*, publicada um ano antes de morrer? Essa filosofia contribui para a valorização da dignidade humana? Como essa visão personalista pode se posicionar diante das atuais propostas de manipulação genética no ser humano?

4.1. Quem foi Emmanuel Mounier?

Nascido em 1905, em Grenoble, França, Emmanuel Mounier segue nessa cidade os cursos regulares até a obtenção da licença em filosofia, sob a orientação de Jacques Chevalier. Na juventude, Mounier conhece de perto a miséria, participando das atividades da Conferência de São Vicente de Paulo. Conheceu Monsenhor Guerry, depois bispo de Cambrai, prelado envolvido com a pastoral da pobreza, e desde então guardará fidelidade, durante toda a sua vida, a essa aliança com os pobres.

Com 18 anos, Mounier parte para Paris, a fim de preparar o concurso da agregação em filosofia. É aprovado, conseguindo o segundo lugar, atrás de Raymond Aron. A indiferença da cidade o choca profundamente, bem como o ambiente filosófico da Sorbonne. Acusa a Universidade de indiferente e desligada dos reais problemas da vida e do mundo. Recomendado por Chevalier, estabelece contato com Jean Guitton e Jacques Maritain, bem como com o padre Pouget, um lazarista místico que influenciará profundamente Mounier.

Apreciador do pensamento de Charles Péguy, Mounier se aproximará também de Henri Bergson. Inicia-se no magistério ensinando filosofia em liceus, mas acaba abandonando a carreira universitária. Com vários companheiros, funda a revista

Esprit, como porta-voz do movimento de mesmo nome, que vai então articulando na tentativa de responder à crise dos anos de 1930, marcados por uma série de acontecimentos dramáticos, tais como as sequelas da Primeira Guerra Mundial, a quebra da Bolsa de Valores de Nova York, em 1929, a Frente Popular em sua coligação política de comunistas, socialistas e radicais, e a ascensão dos fascismos.

Para Mounier, tudo isso esconde a crise gravíssima da civilização do Ocidente (DOMENACH, 1972), pois um tríplice sentimento movia aqueles jovens intelectuais, na maioria cristãos: a falta de um espaço para um pensamento crítico e inovador; o sofrimento de ver o cristianismo comprometido com a desordem estabelecida; a percepção, sob a crise econômica, de uma crise total de civilização (MOUNIER, 1962, 477).

A revista conseguirá a colaboração nacional e internacional de pessoas das mais variadas áreas: filósofos, artistas, economistas, psiquiatras, teólogos, crentes e não crentes. Os títulos de alguns números especiais de *Esprit* revelam o novo estilo de trabalho e uma nova maneira de fazer filosofia: *Ruptura entre a ordem cristã e a desordem estabelecida*; *O dinheiro: miséria do pobre, miséria do rico*; *A propriedade*; *A tentação do comunismo*; *Os pseudovalores fascistas*; *A revolução contra os mitos*; *A arte e a revolução espiritual*. É assim que irá se constituindo um estilo de filosofar provisoriamente denominado de "personalismo comunitário".

O aporte filosófico será dado pelo pensamento de Karl Marx, Friedrich Nietzsche, Henri Bergson, Charles Péguy, Maurice Blondel, Max Scheler, Martin Heidegger, Gabriel Marcel, Nikolai Berdiaeff, Jean Lacroix e Martin Buber. Como se pode perceber, são filósofos das mais diferentes tendências. Aliás, na primeira fase do itinerário intelectual de Mounier, intervêm três pensadores por ele julgados portadores de uma crítica radical dos equívocos da civilização ocidental: Marx, que, sob as harmonias econômicas, revelava a luta implacável das forças sociais profundas; Freud, que, sob as harmonias psicológicas, descobria o turbilhão dos instintos; e Nietzsche, que anunciava o niilismo europeu (MOUNIER, 1949, 101).

Em setembro de 1939, com a eclosão da guerra, Mounier é mobilizado, sendo feito prisioneiro pelos alemães, mas liberado e desmobilizado em seguida. Muda-se então para Lyon, onde a família passa por dificuldades financeiras. A revista é censurada e interditada em 1941. Em 1942 é novamente preso acusado de pertencer ao movimento *Combat*, de resistência à invasão alemã. Acaba submetido a um internamento administrativo e é novamente preso (SEVERINO, 2012).

Encerrada a Segunda Guerra Mundial, a revista *Esprit* sai da clandestinidade e volta a circular, chegando a uma tiragem de doze mil exemplares. A reconstrução da França e da Europa constitui um grande desafio. A ideia e a proposta de um federalismo europeu terão grande destaque nos estudos e debates dos grupos *Esprit*. Além do mais, as ambiguidades do comunismo, os crimes do stalinismo, os movimentos de descolonização exigem posicionamentos teóricos e práticos, lúcidos e corajosos, expressos nos dossiês de *Esprit* e nos escritos de pós-Guerra de Mounier. Numerosas viagens são realizadas, a fim de ministrar conferências e participar de congressos e debates. Mounier parte então para a Polônia e para a África, sobre a qual escreverá o livro *L'éveil de l'Afrique noïre* (*O despertar da África negra*), em 1948.

A ideia de compromisso ou de engajamento (*engagement*) em face do acontecimento (*l'événement*) foi amadurecendo em Mounier. Numa carta a Jean-Marie Domenach, escrita em 1950, ele afirmará: "O acontecimento será nosso mestre interior" (apud MARTINS, 2012, 10).

Mounier não somente escreve sobre o personalismo comunitário, mas, além da experiência do movimento *Esprit*, funda em Châtenay-Malabry, nos arredores de Paris, uma pequena comunidade, integrada pelas famílias Mounier, Fraisse, Marrou, Domenach, Baboulène e Ricoeur. Nesse momento decisivo de sua caminhada, em plena maturidade intelectual e em plena produção filosófica, ele morre, devido a um infarto, a 22 de março de 1950 (LORENZON, 1992).

4.2. A obra *O personalismo*

A obra *Le personnalisme*, publicada um ano antes da morte de Mounier, foi traduzida em castelhano, em inglês, em italiano, em árabe, em dinamarquês e em português, o que mostra a repercussão do pensamento de Mounier em toda parte, mesmo à distância de poucos anos da sua morte.

A reflexão deste item tem como base o texto original em francês: depois de uma introdução, a obra está dividida em duas partes: a primeira, *As estruturas do universo pessoal*, e a segunda, *O personalismo e a revolução do século XX*.

A seguir, apresentamos de maneira sintética as ideias desenvolvidas na primeira parte. Contudo, é importante notar que, na introdução da obra, Mounier especifica que o personalismo não é um sistema filosófico, apresentando aí uma breve história da noção de pessoa e da condição pessoal.

Por sua vez, a primeira parte, dividida em sete capítulos, aponta para as estruturas do universo pessoal, a saber: a existência incorporada, a comunicação, a conversão íntima, o afrontamento, a liberdade com condições, a eminente dignidade (ou transcendência) e o engajamento. Para o autor, a expressão "existência incorporada", ou "existência encarnada" (MOUNIER, 1949, 21.27), evidencia uma profunda unidade entre sujeito e corpo. "Não posso pensar sem ser, e ser sem meu corpo: por meio dele eu estou *exposto* a mim mesmo, ao mundo e aos outros" (MOUNIER, 1949, 28).

A comunicação, por sua vez, diz respeito à abertura em direção aos outros e em direção ao mundo. De fato,

> o primeiro movimento que revela um ser humano, na primeira infância, é um movimento em direção aos outros: a criança, dos seis aos doze meses, saindo da vida vegetativa, descobre a si mesma nos outros. É somente mais tarde, perto dos três anos, que haverá a primeira onda de egocentrismo consciente... A primeira experiência da pessoa é a experiência da segunda pessoa: o *tu* e, portanto, o *nós* vêm antes do *eu*, ou, pelo menos, o acompanham. É na natureza material (à qual realmente estamos submetidos) que reina a exclusão, porquanto um espaço não

pode ser ocupado duas vezes; a pessoa, por sua vez, por meio do movimento que a faz existir, expõe-se porque é, por natureza, comunicável e é, antes, a única a sê-lo (MOUNIER, 1949, 35-36).

Mas se, por um lado, a pessoa se abre aos outros e ao mundo, por outro, "diferentemente das coisas", ela é caracterizada pela pulsação de uma vida secreta da qual parece derramar incessantemente a sua riqueza. Mounier trata disso no capítulo sobre a "conversão íntima". É o momento do "recolhimento em si" (1949, 47), do "secreto" (1949, 49), da "intimidade" e do "privado" (1949, 50), da "vertigem das profundezas" (1949, 51).

Há aí uma "dialética interioridade-objetividade", pois a "existência pessoal está sempre sendo disputada entre um movimento de exteriorização e um movimento de interiorização: ambos lhe são essenciais e podem ao mesmo tempo enquistá-la, ou dissipá-la" (1949, 55). Nesse sentido, se os místicos levam ao excesso o processo de interiorização, acabam esquecendo sua incorporação e sua presença no mundo.

Por isso, no sucessivo capítulo sobre o afrontamento, Mounier afirma que "a pessoa se expõe, se expressa: torna-se face, ela é rosto" (1949, 57), e, nessa manifestação ao mundo, ela, ao mesmo tempo, aceita e protesta. De fato, no item *Os valores de ruptura. A pessoa como protesto*, ele escreve:

> Existir é dizer sim, é aceitar, é consentir. Mas se eu aceito sempre, se eu não recuso e se nunca recuso, eu me afundo. Existir, do ponto de vista pessoal, significa também e frequentemente saber dizer não, protestar, desligar-se... Eu não garanto, parece, minha leveza de manobra e a juventude mesma do meu ser se não à condição de questionar tudo, a cada momento, crenças, opiniões, certezas, fórmulas, adesões, hábitos, filiações. A ruptura, o salto, são de verdade umas categorias essenciais da pessoa (MOUNIER, 1949, 59).

No capítulo V, em que Mounier trata da "liberdade com condições", ele começa afirmando que "a liberdade tem inúmeros amigos", e elenca-os: liberais, marxistas, existencialistas, cristãos; contudo, cada um deles dando-lhe um significado diferente (1949, 65). Depois dessa constatação, ele afirma antes de tudo que a liberdade não é uma coisa que se possa tocar como a um objeto, nem surpreendê-la em flagrante delito. O homem não pode demonstrá-la como a um teorema, porque "A liberdade é afirmação da pessoa, vive-se, não se vê" (1949, 65). Ao mesmo tempo, porém, essa liberdade não é algo de absoluto, sem nenhum limite: e aqui ele faz referência a Sartre, criticando-o nesse ponto, pois "a liberdade absoluta é apenas um mito" (1949, 67). De fato, "a reivindicação da minha própria liberdade está muito misturada com o instinto... e pode-se justamente afirmar que o sentido da liberdade começa com o sentido da liberdade do outro" (1949, 68).

Em suma, a liberdade será situada dentro da condição total da pessoa, ou melhor, "desta pessoa, assim constituída e situada dentro dela mesma, no mundo e diante dos valores. Isso implica que a liberdade está estritamente condicionada e limitada pela nossa situação concreta" (1949, 69). E, mais para frente, citando Kierkegaard, Mounier afirma que a liberdade é caracterizada "pelo batismo da escolha" (1949, 72), pois "escolhendo isso ou aquilo, cada vez indiretamente vou escolher a mim mesmo e vou me edificar na escolha" (1949, 72).

O capítulo VI trata da "eminente dignidade" apontando para a transcendência da pessoa. Antes de tudo, Mounier procura umas aproximações concretas da transcendência. Esta não pode ser reduzida à atividade produtora do homem, a um impulso, ou a uma agitação. Trata-se de uma riqueza íntima que "eu experimento como algo que transborda. O pudor diz: meu corpo é mais que meu corpo; a timidez: eu sou mais que meus gestos e minhas palavras; a ironia: a ideia é mais que a ideia" (1949, 76). De fato, "o ser da pessoa é feito para superar a si mesmo. Como a bicicleta ou o avião encontram seu equilíbrio no movimento, o homem fica em pé somente através de uma força ascensional" (1949, 76).

Mas para onde vai esse movimento da transcendência? Eis a resposta de Mounier:

> Muitos pensadores contemporâneos falam de "valores", como se fossem realidades absolutas, independentes de suas relações.

Mas os personalistas não podem travar a pessoa a estes impessoais; assim, a maioria procura personalizá-los de qualquer maneira. O personalismo cristão vai até o fim: todos os valores se agrupam debaixo do apelo singular de uma Pessoa suprema (MOUNIER, 1949, 77).

Nesta última afirmação, como se vê, o autor faz referência a Deus, "Pessoa suprema", como supremo valor.

Depois disso, Mounier percorre, com um olhar rápido, os grandes direcionamentos dos valores com seu reflexo na vida pessoal. Ele se refere, especificamente, aos valores da felicidade, da ciência e da verdade com um ensaio sobre uma teoria personalista do conhecimento; aos valores morais, indicando umas linhas de ética personalista; à arte, com mais um ensaio sobre uma estética personalista; à história, entendida como destino comum da humanidade; aos valores religiosos, com algumas considerações sobre "personalismo e cristianismo", analisando também a contestação aos valores diante da problemática do sofrimento, do mal e do nada. É interessante registrar a conclusão deste capítulo com as mesmas palavras de Mounier:

> É o ser, é o nada, é o mal, é o bem que, no final das contas, domina? Uma espécie de alegre confiança, ligada à experiência pessoal, desabrocha inclinando-se à resposta otimista. Mas nem a experiência nem a razão podem decidir isso. Os que o fazem, cristãos ou não, estão sendo guiados por uma fé que ultrapassa qualquer experiência (1949, 89).

No último capítulo da primeira parte, que tem como tema o engajamento, Mounier começa afirmando que "uma teoria sobre a ação não é um apêndice do personalismo, mas ocupa um lugar central" (1949, 90), seguindo ao primeiro item a ser abordado: "As derrotas da ação". Neste item, o autor afirma que a ação supõe a liberdade. Por isso, uma doutrina materialista ou determinista apela à ação de maneira abusiva.

De fato, se tudo o que se produz no mundo já está anteriormente estabelecido por processos inelutáveis, só temos que esperá-los. Nesse sentido, o apelo à *práxis* feito pelo marxismo é ambíguo, mas contra os determinismos "é urgente restabelecer o sentido da pessoa responsável, e do poder desmedido que ela tem quando possui a fé em si mesma" (1949, 91). Para isso, Mounier lembra que a pessoa não é isolada; e, portanto, o esforço para a verdade e a justiça é um esforço coletivo.

No item seguinte, Mounier procura definir "as quatro dimensões da ação", a saber: a modificação da realidade externa, a formação interior, a assimilação de um universo de valores e a dimensão coletiva.

A primeira dimensão tem como objetivo principal dominar e organizar a matéria externa, a economia, ou "ação do homem sobre as coisas".

> Trata-se da área da ciência aplicada às atividades humanas, à *indústria* no sentido amplo do termo. Seu objetivo específico é a *eficácia*. Mas o homem não se satisfaz apenas fabricando e organizando, se não encontrar nestas atividades a sua dignidade, a fraternidade dos seus companheiros de trabalho, algo que seja superior à simples utilidade (MOUNIER, 1949, 93).

Contudo, extremamente importante é a segunda dimensão: a formação interior, uma vez que "a ação não visa principalmente construir uma obra externa, mas formar o agente, sua habilidade, suas virtudes, sua unidade pessoal... Aqui é menos importante o que faz o agente do que como ele o faz, o que ele se torna, fazendo isso" (1949, 93).

Mas essa escolha ética tem seus efeitos na ordem econômica. Como exemplo disso, Mounier lembra que, devido à sua maneira de pensar, que desvalorizava a matéria, os gregos não desenvolveram uma civilização técnica. E, mais para frente, afirma que "as religiões dão forma às paisagens e às casas tanto quanto, se não mais, às condições materiais" (1949, 94). Aqui entra a importante discussão sobre o fim e os meios. Sobre isso, o autor afirma categoricamente que a relação entre as pessoas nunca pode ser estabelecida sobre um plano puramente técnico. Os meios materiais se tornam meios humanos, que atuam no meio dos homens, são por eles modificados e os modificam. Se estes meios aviltarem o agente, acabam comprometendo, mais cedo, mais tarde, também o resultado.

Quanto ao universo dos valores que precisam ser assimilados, ele pressupõe uma "ação contemplativa" entendida não como pura atividade intelectual, ou como uma evasão para uma atividade separada da realidade; trata-se, porém, de uma assimilação de valores que invadem e desenvolvem toda a atividade humana. A título de exemplo, as mais altas especulações matemáticas trouxeram os mais fecundos e até imprevistos aproveitamentos, como os cálculos astronômicos na navegação, as discussões sobre a estrutura do átomo na aplicação à energia atômica. Ademais, os dois séculos de disputas teológicas até se definir o dogma da encarnação do Cristo fizeram das civilizações cristãs as únicas civilizações ativistas e industriosas. É bom lembrar, a esse respeito, que as discussões cristológicas ajudaram a definir o conceito de pessoa, antes aplicado a Deus e a Cristo e sucessivamente ao homem. Sobre isso se falou no capítulo anterior.

E, por fim, há ainda a dimensão coletiva da ação, pois "comunidade de trabalho, comunidade de destino ou comunhão espiritual são indispensáveis para sua humanização integral" (1949, 96).

A partir destas quatro dimensões, Mounier apresenta uma "teoria do engajamento" que considera a contribuição necessária e articulada unindo o "polo profético" com o "polo político". Ele reconhece, ao mesmo tempo, a dificuldade e a necessidade de unir estes dois polos. De fato,

> o técnico, o político, o moralista, o profeta frequentemente se irritam entre eles... Mas a ação no sentido corrente do termo, aquela que incide na vida pública, não conseguiria, sem desequilíbrio, dar a si mesma uma base mais estreita a não ser o campo que vai do *polo político* ao *polo profético* (MOUNIER, 1949, 97).

A segunda parte da obra, *O personalismo e a revolução do século XX*, está dividida nos seguintes itens: *O niilismo europeu*; *Rejeição do niilismo*; *A sociedade econômica*; *A sociedade familiar: a condição dos sexos*; *A sociedade nacional e internacional*; *O Estado, a democracia: ensaio de uma teoria personalista do poder*; *A educação da pessoa*; *A cultura*; e, por fim, *Situação do cristianismo*.

A temática, como se vê, é muito ampla. Por isso poderá ser analisada num sucessivo estudo específico. Neste, procurou-se mais analisar as estruturas do universo pessoal. Dessa maneira, depois de apresentar alguns dados biográficos sobre Mounier e as bases da sua filosofia personalista, é preciso ressaltar como essa filosofia contribui para a valorização da dignidade humana e como essa visão personalista pode se posicionar diante das atuais propostas de manipulação genética no ser humano.

Um primeiro aspecto é a visão de "totalidade" do ser humano, todo ele corpo e todo ele espírito. Já foi visto, nesse sentido, que Mounier fala de "existência incorporada" e de "existência encarnada". Não se reconhece, pois, a dignidade da pessoa humana quando o corpo humano é considerado apenas como um conjunto de tecidos, órgãos e funções, ou acaba sendo avaliado com o mesmo critério do corpo dos animais. E, na manipulação genética do ser humano, não se respeita, muitas vezes, essa "totalidade" do ser humano (CONGREGAÇÃO PARA A DOUTRINA DA FÉ, 1987, 3).

Um segundo aspecto que leva a reconhecer a dignidade da pessoa humana é o da "intimidade", da "vertigem das profundezas": algo que exige respeito, não aceitando nenhum tipo de manipulação, inclusive aquela da experimentação indiscriminada. A comunicação entre as pessoas, pois, precisa salvaguardar tal "intimidade".

Um outro aspecto analisado por Mounier diz respeito à atitude ao mesmo tempo de aceitação e de recusa diante do mundo, pois: "Existir é dizer sim, é aceitar, é consentir. Mas se eu aceito sempre, se eu não recuso e se nunca recuso, eu me afundo" (1949, 59). E uma das características do mundo atual diz respeito

> [ao] desenvolvimento maravilhoso da ciência moderna, a ciência na base de experiências metodicamente organizadas, verificáveis e controláveis ao máximo, e de suas aplicações técnicas sempre mais variáveis e prodigiosas, que representa o acontecimento fundamental do nosso tempo. Estamos na época da tecnologia, que pode ser traduzida assim: a lógica da técnica.

Esta lógica da técnica intimamente relacionada com a ciência experimental – a técnica a serviço da ciência, a ciência a serviço da técnica – deu ao ser humano uma nova capacidade, a capacidade de transformar a natureza, multiplicando a produção de bens. Foi assim que a economia assumiu, na prática, uma influência determinante na nova sociedade. A modernização trouxe consigo uma nova visão do homem e da sociedade. Entramos numa era planetária, através da crescente internacionalização da economia, da técnica e dos meios de comunicação social. Os meios de produção foram adquirindo tamanha importância que o próprio pensamento passou a ser reduzido à razão funcional ou instrumental, enquanto se perdia o sentido da ética ou dos valores morais. O próprio ser humano começou a contar só pela função produtiva, de eficiência, que ocupa na sociedade. No momento em que essa função cessa, ele perde o seu interesse, o seu valor, é descartado. Por isso, a modernidade exalta a produção e o trabalho. O ser humano que produz, é o que vale, e vale por aquilo que produz. Nesta tendência está também a sempre maior sofisticação da produção (LORSCHEIDER, 1996)[1].

Diante disso, a atitude mais respeitosa da dignidade da pessoa não pode adotar uma simples aceitação do "desenvolvimento maravilhoso da ciência moderna". É preciso também "recusar", criticar, quando tal desenvolvimento coloca em risco a vida do ser humano em todas as suas etapas. Como não pensar na destruição de embriões na prática habitual da fecundação *in vitro* (CONGREGAÇÃO PARA A DOUTRINA DA FÉ, 1987, III,5), ou nos abusos científicos feitos seja pelo nazismo durante a Segunda Guerra Mundial, seja pelos Estados Unidos, quando, por quarenta anos (1932-1972), pacientes negros e pobres foram propositalmente contaminados por sífilis tendo como justificativa o desenvolvimento científico (FIIRST, 2014)?

Pergunta-se, então, se o "progresso", que tecnicamente é linear, comporta da mesma maneira e automaticamente um aperfeiçoa-

---

1. RAMPAZZO, Lino; SUETH, Marcio G. Crise da água potável: aspectos jurídicos e éticos. 2019. In: PADILHA, Norma Sueli et al. *Direito ambiental e socioambientalismo I*. ENCONTRO NACIONAL DO CONPEDI, 28. Goiânia: Conpedi, 2019. 96-113. Disponível em: <http://site.conpedi.org.br/publicacoes/no85g2cd/9hdn9m49/rJcKN2kwx45084zR.pdf>. Acesso em: 4 out. 2022.

mento antropológico. Além disso, questiona-se: a mutação que retorna sobre o tipo de vida do homem por causa do progresso científico é uma mutação que o próprio homem pode dominar?[2]

Um outro aspecto a ser considerado refere-se à exaltação que a sociedade atual dá à liberdade. Diante disso, como não refletir sobre a afirmação personalista de Mounier, para quem "o sentido da liberdade começa com o sentido da liberdade do outro" (1949, 68)? Isso significa que, quando "a liberdade do outro" não é garantida, a dignidade da pessoa humana fica comprometida. Só para exemplificar, nos dias atuais, em nome da "liberdade", são divulgadas notícias falsas *(fake news)* através da distribuição deliberada de desinformação ou boatos via jornal impresso, televisão, rádio ou ainda *online*, como nas mídias sociais. Esse tipo de notícia é escrito e publicado com a intenção de enganar, a fim de se obter ganhos financeiros ou políticos, muitas vezes com manchetes sensacionalistas, exageradas ou evidentemente falsas para chamar a atenção. Esse abuso da liberdade não reconhece a dignidade da pessoa humana.

E tal dignidade é considerada explicitamente no capítulo VI da obra *O personalismo*. Aliás, ressalta-se ali o adjetivo "eminente", que se refere a uma "riqueza íntima", que não pode ser reduzida à "atividade reprodutora do homem" e aponta para a transcendência da pessoa. Neste ponto, a abertura religiosa é uma expressão de tal "riqueza íntima". Para o personalismo cristão, especialmente, "todos os valores se agrupam debaixo do apelo singular de uma Pessoa suprema" (1949, 77), conforme o texto de Mounier anteriormente citado.

Nesse sentido, a leitura religiosa ajuda a técnica, intimamente relacionada com a ciência experimental, a tornar-se mais humana.

---

2. BRITO, Ariane Almeida Cro; RAMPAZZO, Lino. Criopreservação de seres humanos: um debate ético, teológico e jurídico. In: GORDILHO, Heron José de Santana et al. *Biodireito e direitos dos animais I*. ENCONTRO VIRTUAL DO CONPEDI, 2. Florianópolis: Conpedi, 2020. Disponível em: <http://site.conpedi.org.br/publicacoes/nl6180k3/omjfoq0r/p0j45YAu24eExvnq.pdf>. Acesso em 10 out. 2022.

A visão religiosa do mundo, na qual Deus se insere, nasce do fato de que o ser humano procura a solução do próprio mistério; experimenta uma sensação de plenitude através da vivência do sagrado; e nasce também de uma relação com o mundo humano e material, na procura de uma harmonia interna que obedece a uma tendência natural para a totalidade[3].

"Religião" vem dos termos latinos *relegere* (*re-ler*), ou *religare* (*re-ligar*). O primeiro sentido aponta para

> a atitude de re-ler a realidade, vivenciando o diálogo com o diferente, a solidariedade como expressão máxima do humanismo, a ecologia como vivência harmônica entre o homem e a natureza ou ambiente. Religião, nesse contexto, não inclui o conceito de Deus num primeiro momento e se torna a expressão da vivência do outro pela comunhão e reverência com o outro, seja ele o homem, a mulher, as plantas, os animais e, por meio dessa re-leitura, tudo se torna sagrado. Estabelece-se, assim, a religião, como o lugar do diálogo, da solidariedade, da ecologia. Descobrir o sagrado das coisas é descobrir o caminho da solidariedade entre os homens. Sagrado e ética tornam-se a dupla que dá sentido à experiência humana. Não é possível pensar uma moral social comunitária sem pensar o sagrado. O sagrado é o constitutivo da moral.

Quando se vê o mundo com os olhos do sagrado, descobre-se que tudo tem relação com tudo, que tudo influencia tudo: existe um holismo (*holos*, em grego, significa *tudo*) cósmico.

A religião é, essencialmente, a experiência do sagrado, e é por meio da religião, no sentido de a estarmos colocando como *re-leitura* do homem-mundo, que o homem abandonou o caos, isto quando não o olha como uma possibilidade de crescer e encontrar o verdadeiro sentido das coisas. Quando, porém, falamos de religião enquanto uma *re-ligação* homem-Deus, estamos falando de um Deus *a priori*, como "ponto de partida",

---

3. RAMPAZZO, Lino. Células-tronco embrionárias: a questão da vida humana entre a teologia, a biotecnologia, a bioética e o biodireito. In: ENCONTRO NACIONAL DO CONPEDI, 19, 2010, Fortaleza, *Anais do XIX Encontro Nacional do CONPEDI*. Florianópolis: Fundação Boiteux, 2010, 602-614.

do qual nascem as esperanças e para o qual caminham todas as coisas, um Deus que prometeu ser fiel aos que a ele fossem fiéis (RIBEIRO, 2004).

É interessante, a esse respeito, lembrar a definição de pessoa apresentada por Santo Tomás de Aquino na *Suma Teológica*: "A pessoa significa *o que há de mais nobre no universo* [*perfectissimum in tota natura*], isto é, o subsistente na natureza racional" (I, 29, 3, resp., grifo nosso); o que leva, consequentemente, à mais alta valorização da dignidade da pessoa humana, graças à perspectiva religiosa (AQUINO, 1980[4]).

As atitudes de "recusa", de um lado, e, de outro, as de valorização da "transcendência", das quais fala Mounier, encontram uma expressão significativa na encíclica do papa Francisco *Laudato Si'* (2015), documento que critica uma certa maneira de desenvolver o domínio do homem sobre a natureza:

> Sempre se verificou a intervenção do ser humano sobre a natureza, mas, agora, o que interessa é extrair o máximo possível das coisas. Daqui se passa facilmente à ideia de um crescimento infinito ou ilimitado, que tanto entusiasmou os economistas, os teóricos da finança e da tecnologia (n. 106).
> É preciso reconhecer que os produtos da técnica não são neutros, porque criam uma trama que acaba por condicionar os estilos de vida e orientam as possibilidades sociais na linha dos interesses de determinados grupos de poder (n. 107).
> O paradigma tecnocrático tende a exercer o seu domínio também sobre a economia e a política (n. 109).
> A especialização própria da tecnologia comporta grande dificuldade para se conseguir um olhar de conjunto (n. 110).

Quanto à importância da religião para desenvolver um mundo melhor, ele escreveu, nesse mesmo documento:

> A ciência e a religião, que fornecem diferentes abordagens da realidade, podem entrar num diálogo intenso e frutuoso para ambas (n. 62).

---

4. Cf. AQUINO, Santo Tomás. *Suma Teológica*. 9 v. São Paulo: Loyola, [5]2001. (N. do E.)

As convicções de fé oferecem aos cristãos, e também a outros crentes, motivações altas para cuidar da natureza e dos irmãos e irmãs mais frágeis (n. 64).

Em seguida, ressalta a visão específica da Bíblia, que interpreta toda a história da humanidade, nestes termos:

> A existência humana se baseia sobre três relações fundamentais: com Deus, com o próximo e com a terra. Mas estas três relações se romperam: e essa ruptura é o pecado, quer dizer, a falta de harmonia. O homem quis ocupar o lugar de Deus, recusando-se a se reconhecer como criatura limitada. E o pecado se manifesta hoje, com toda a sua força de destruição, nas guerras, nas várias formas de violência, no abandono dos mais frágeis e nos ataques contra a natureza (n. 66).

Esta última referência a algumas graves manifestações de pecado lembra as considerações de Mounier diante da problemática do sofrimento, do mal e do nada, mas com a abertura, apesar de tudo, para a esperança, particularmente por parte dos cristãos "guiados por uma fé que ultrapassa qualquer experiência". É interessante considerar que estas palavras sobre a esperança foram escritas por alguém que tinha passado por terríveis experiências ligadas à pobreza e por muitas injustiças, inclusive pela desarrazoada prisão e guerra.

Quanto à reflexão de Mounier sobre o "engajamento", é importante ressaltar a sua discussão sobre o fim e os meios. Ele considera, pois, que se esses meios aviltarem o agente, acabam comprometendo, mais cedo ou mais tarde, também o resultado.

Isso lembra a afirmação do filósofo Immanuel Kant, publicada na segunda seção da *Fundamentação da metafísica dos costumes*, nestes termos: "Age de tal maneira que tomes a humanidade, tanto em tua pessoa quanto na pessoa de qualquer outro, sempre ao mesmo tempo como fim, nunca meramente como meio" (KANT, 2007, 69). Uma crítica sobre os "meios" hoje deve ser feita diante de muitas aplicações no campo da biotecnologia, como, por exemplo, as manipulações com pretensos fins de melhoramento da dotação genética, fruto de uma mentalidade que introduz um indireto estigma social no confronto dos que não possuem particulares dotes, e à manipulação que se refere à chamada "clonagem híbrida", na qual se utilizam ovócitos animais para a reprogramação de núcleos de células somáticas humanas, com o fim de extrair células estaminais embrionárias dos embriões resultantes, sem ter que se recorrer ao uso de ovócitos humanos (CONGREGAÇÃO PARA A DOUTRINA DA FÉ, 2008, 27.33).

Mais uma vez, pois, é preciso lembrar que não só "o fim não justifica os meios" como também que o simples "fim do desenvolvimento tecnológico" não pode ser justificado.

Por fim, quando Mounier lembra que a pessoa não é isolada e que, por isso, o esforço para a verdade e a justiça é um esforço coletivo, faz referência, mais uma vez, à dignidade do homem. E, logo depois, fala do valor da "fraternidade". No fundo, enquanto o homem não viver a fraternidade, sua dignidade não será devidamente valorizada. Aliás, percebe-se a necessidade da fraternidade, no atual mundo globalizado, no cruzamento de muitas e diferentes culturas.

Sobre isso se ressalta a importância do documento *Fratelli tutti*, publicado pelo papa Francisco em 2020. Desde o começo deste texto, o papa faz referência à significativa experiência de São Francisco de Assis, que, num momento histórico marcado pelas Cruzadas, visita, numa atitude de diálogo, o sultão Malik-al-Kamil, no Egito. São Francisco pedia aos seus discípulos a seguinte atitude: "Quando estiverdes entre sarracenos e outros infiéis (...), não façais litígios nem contendas, mas sede submissos a toda a criatura humana por amor de Deus (n. 3)".

O futuro do mundo requer esse espírito de fraternidade. E não apenas as ideias expressas no *Le personnalisme* ressaltam esta importância, mas a experiência do próprio Mounier, que, na revista *Esprit*, conseguiu a colaboração nacional e internacional de pessoas das mais variadas áreas: filósofos, artistas, economistas, psiquiatras, teólogos, crentes e não crentes, procurando em sua própria reflexão filosófica as contribuições de filósofos das mais diferentes tendências. A dignidade da pessoa humana encontra, pois, no personalismo de Mounier, um significativo reconhecimento e indica um caminho necessário para um mundo melhor.

CAPÍTULO V

A manipulação genética

Neste capítulo, serão analisadas as tecnologias atuais que tornam perfeitamente viável a edição genética de seres vivos, incluindo a de seres humanos. Serão debatidas algumas das possíveis aplicações dessas técnicas de forma palpável, dando-se especial ênfase àquelas realizadas com propósitos eugênicos. Como a preocupação do presente livro situa-se na seara da engenharia genética, é importante que se entendam quais são as tecnologias atuais que envolvem a manipulação genética, assim como seus consequentes possíveis usos. Nessa sequência, passa-se à conceituação desse termo, assim como de outros, igualmente relevantes para a presente análise.

5.1. Tecnologias atuais de manipulação genética

Neste item, serão apresentados alguns conceitos relevantes sem os quais se tornam inviáveis as discussões bioéticas e jurídicas que dele constam.

5.1.1. Conceitos importantes relacionados com a manipulação genética

A *Declaração internacional sobre os dados genéticos humanos*, de 2003, apresenta, em seu artigo 2º, importantes definições, tais como a de "dados genéticos humanos", de "dados proteômicos humanos" e de "consentimento" (UNESCO, 2003); no entanto, antes é necessário que se defina a engenharia genética.

À engenharia genética corresponde um conjunto de técnicas e processos realizados molecularmente pelo ser humano visando à implementação de modificações no material genético de seres vivos, humanos ou não. As alterações feitas no âmbito da engenharia genética podem traduzir-se na inclusão, na supressão ou na modificação de genes e são causa de muitas discussões e polêmicas (PESSINI; BARCHIFONTAINE, 2007, 276).

Para Maria Helena Diniz (2017, 421-422), a manipulação genética:

> É uma técnica de engenharia genética que desenvolve experiências para alterar o patrimônio genético, transferir parcelas do patrimônio hereditário de um organismo vivo a outro ou operar novas combinações de genes para lograr, na reprodução assistida, a concepção de uma pessoa com caracteres diferentes ou superar alguma enfermidade congênita.

Não se podem negar as grandes repercussões que decorrem e podem decorrer dessas práticas. Aspectos éticos são suscitados quando se trata da modificação genética de organismos, humanos ou não. A comunidade científica vem realizando importantes discussões, dada a viabilidade da produção de organismos geneticamente modificados, clonagem e mesmo alteração do genoma humano. Toda a complexidade por trás do comportamento celular é determinada por sua constituição genética; no entanto, conquanto seja possível efetuar modificações no genoma, não se conhecem perfeitamente as intrincadas relações que o envolvem. Logo, é relevante esclarecer-se o que são os genes.

O gene é um pequeno segmento de uma molécula de DNA (ácido desoxirribonucleico), cuja função é armazenar o código genético de um ser vivo. Genoma, por sua vez, é o conjunto de toda a informação genética contida em uma célula. Já o fenótipo corresponde à manifestação dos caracteres determinados pelo genoma em um organismo. O DNA possui capacidade de autoduplicação, gerando novas células com as mesmas características que possui.

Com o DNA recombinante, descoberto em 1973 por S. Cohen e H. Boyer, que consiste em recortar uma cadeia de DNA, viabilizou-se o surgimento da engenharia genética. Como o DNA é composto de subunidades, denominados "nucleotídeos", agrupados em quatro espécies – a citosina, a guanina, a timina e a adenina –, é possível que várias combinações sejam feitas. Esses nucleotídeos associam-se por meio de pareamento, sendo que a adenina sempre se pareia à timina e a guanina, à citosina (BARTH, 2005). Esse tipo de configuração funciona para todos os seres vivos, desde vírus e bactérias até seres mais complexos, como animais e vegetais. As diferentes sequências de associações determinarão os caracteres de cada espécie e indivíduo, ou seja, o seu fenótipo.

Enquanto o DNA armazena e perpetua a informação genética, o RNA (ácido ribonucleico) faz a transcrição desses dados. Existem diferentes tipos tanto de DNA quanto de RNA, o que não será aqui discutido, em razão de tal aprofundamento fugir aos objetivos desta obra.

A ciência que estuda os genes e, consequentemente, as características hereditárias carregadas pelos seres vivos é chamada de "genética". A engenharia genética, assim, traduz-se na geração de novas combinações no material genético de um ser vivo; e, quando é realizada a transferência de genes de um ser vivo a outro, tem-se o que se conhece por "organismo transgênico" (BARTH, 2005, 364).

Assim como se conceituou a transgenia, é importante que se defina a clonagem. Esta pode ser entendida como um sistema de produção de novos organismos, de quaisquer espécies, de forma assexuada, e que dê origem a indivíduos geneticamente idênticos àqueles que tiveram seu DNA copiado. Esses organismos são denominados "clones". Não foram até hoje clonados seres humanos, e existem muitas discussões sobre o assunto, em razão, principalmente, de deficiências que a técnica pode apresentar, assim como de questões éticas relacionadas à dignidade da pessoa humana (PESSINI, BARCHIFONTAINE, 2007, 289).

Com o avanço das ciências biomédicas, muitas possibilidades se abriram no campo da engenharia genética. Assim, processos como o da manipulação genética da espécie humana tornaram-se perfeitamente viáveis, permitindo a transferência de genes manualmente, ou seja, para além dos resultados naturais da reprodução sexuada (MIGLANI, 2016, 10). Na verdade, com a disponibilidade da técnica do DNA recombinante, tornou-se possível a criação de modificações com combinações genéticas completamente impensáveis no âmbito da reprodução natural. O que permite o funcionamento dessa técnica é a chamada clonagem molecular, que consiste simplificadamente na replicação da molécula de DNA (BARTH, 2005, 387).

A Lei nº 11.105, de 24 de março de 2005, traz, em seu artigo 3º, definições muito importantes, que resumiremos em razão de sua pertinência temática.

Nesse sentido, o primeiro inciso do artigo 3º da mencionada lei considera organismo "toda entidade biológica capaz de reproduzir ou transferir material genético, inclusive vírus e outras classes que venham a ser reconhecidas". Trata-se de uma definição aberta, no sentido de não limitar o termo às espécies vivas já existentes e conhecidas.

O mesmo texto também trata do ADN e do ARN, a forma aportuguesada do termo em inglês comumente exposto pelas siglas DNA e RNA, respectivamente, que compõem o material genético que os organismos possuem, com os caracteres hereditários que passam à descendência. A tecnologia do DNA/RNA recombinante traduz-se na modificação de segmentos dessas moléculas, com o uso de DNA ou RNA natural ou sintético; segmentos esses que se poderão multiplicar nas células vivas (BRASIL, 2005). Dessa forma, segundo o texto da lei, a engenharia genética é a "atividade de produção e manipulação de moléculas de DNA/RNA recombinante". É importante esclarecer que hoje existe a disponibilidade de outras tecnologias mais avançadas, que, embora não mencionadas no dispositivo, elaborado antes do seu surgimento, devem igualmente ser inseridas no contexto da engenharia genética.

Por sua vez, "organismos geneticamente modificados", conhecidos pela sigla OGM, são aqueles cujo material genético tenha sido modificado por alguma técnica de engenharia genética. Também existem os chamados "derivados de OGM", que correspondem a produtos obtidos de OGM, mas que não tenham capacidade de replicação ou não sejam formas viáveis de OGM.

"A célula germinal humana é a célula-mãe responsável pela formação de gametas presentes nas glândulas sexuais femininas e masculinas e suas descendentes diretas em qualquer grau de ploidia."[1] Esse conceito é essencial porque a manipulação genética com fins eugênicos é feita nessa espécie de células, de forma que as modificações genéticas são transmitidas às gerações seguintes.

O processo de clonagem, para o diploma normativo em questão, consiste em reprodução assexuada e artificial, e utiliza como base apenas um patrimônio genético, podendo ser feita para fins reprodutivos ou terapêuticos. Esta segunda modalidade de clonagem não cria um indivíduo, mas apenas produz células-tronco embrionárias para que sejam usadas com fins de terapia. As células-tronco embrionárias podem ser usadas com essas finalidades, porque possuem capacidade de se transformar em quaisquer outras células do organismo (BRASIL, 2005).

Por se estar diante de definições presentes em texto de lei, não há nelas um maior aprofundamento científico. No entanto, em se tratando de conceitos objetivos, podem eles auxiliar no entendimento das práticas que serão analisadas no presente estudo. Além disso, uma vez que essas definições são adotadas pela lei que trata dos organismos geneticamente modificados, conhecida como Lei de Biossegurança, em nível interno do Brasil, é interessante que sejam compreendidas.

Outro ponto a ser considerado é o fato de que as noções apresentadas pela Lei nº 11.105/2005 não divergem em qualquer aspecto das usadas por outras fontes, sendo apenas sucintas e dotadas da objetividade que requerem os textos legais. Nesse sentido, embora

---

1. BRASIL. *Lei nº 11.105, de 24 de março de 2005*, Art. 3, VII. Estabelece normas de segurança e mecanismos de fiscalização de atividades que envolvam organismos geneticamente modificados – OGM e seus derivados e dá outras providências. Disponível em: <http://www.planalto.gov.br/ccivil_03/_ato2004-2006/2005/lei/l11105.htm>. Acesso em: 21 dez. 2022.

esse assunto seja desenvolvido com um maior detalhamento mais adiante, parece oportuno mencionar um breve conceito da tecnologia CRISPR-Cas9, a sigla para o termo *Clustered regularly interspaced short palindromic repeats*, ou, em português, *Repetições palindrômicas curtas agrupadas e regularmente interespaçadas*. Em síntese, a CRISPR-Cas9 é um sistema utilizado por bactérias para se protegerem de ataques virais, e hoje usado por cientistas para a combinação genética. Consoante já afirmado, esse tema será aprofundado mais à frente (LANIGAN; KOPERA; SAUNDERS, 2020, 21).

Tendo sido apresentados os conceitos mais importantes para a presente análise, passa-se ao histórico da manipulação genética, em que serão tratados os principais acontecimentos que fizeram a engenharia genética ganhar os contornos que ostenta na atualidade.

5.1.2. Breve histórico da manipulação genética

Como já afirmado, o homem sempre atuou diretamente na modificação das espécies com que se relaciona por meio da chamada "seleção artificial". Com o estímulo à reprodução de indivíduos que considerava portadores dos caracteres mais favoráveis, em detrimento daqueles que ostentavam traços menos vantajosos, no decorrer do tempo, foram-se impondo modificações a essas linhagens que não ocorreriam se fosse respeitado o fluxo reprodutivo natural.

A manipulação de genes por meio de cruzamentos seletivos já vinha sendo praticada desde a pré-história com o intuito de artificialmente criar raças que favorecessem mais os interesses do homem. Esse foi o real início da engenharia genética, nos seus moldes mais primitivos. É certo que hoje há um domínio muito mais preciso a respeito do que determina o funcionamento de genes, o que viabiliza práticas mais refinadas no que tange à edição genética.

Também já foi mencionado o trabalho do monge austríaco Gregor Mendel, que estudou a hereditariedade em ervilhas, tendo, em razão desse estudo, passado a ser reconhecido como o pai da genética. No entanto, Mendel não entendia o funcionamento dos "genes", referindo-se a eles como "fator".

A descoberta do "gene", denominado por Mendel como "fator", aconteceu somente em 1909, e foi anunciada por Wilhelm Johannsen, biólogo dinamarquês. Em 1944, Oswald Avery, Collin MacLeod e Maclyn McCarty descobriram o DNA, a substância que contém o material genético. Em 1953, James Watson e Francis Crick anunciaram a descoberta da estrutura helicoidal dupla do DNA, através da revista *Nature*. O que, segundo eles, era somente um modelo de molécula de DNA, acabou sendo reconhecido como uma realidade, fundando a partir daí a biologia molecular (BARTH, 2005, 361).

Foi, no entanto, a descoberta do DNA recombinante que revolucionou a engenharia genética, por possibilitar recorte e colagem de cadeias de DNA. Por esse motivo, a década de 1970 ficou conhecida por dar início à chamada "Era genômica". Herbert Boyer e Stanley Cohen, no ano de 1973, produziram o primeiro DNA recombinante, e, em 1977, Peter Seeburg sequenciou o primeiro gene humano. Seguiu-se a isso, já na década de 1980, novidades que envolviam a clonagem e a transgenia (NINIS, 2011, 31).

Muitos fatos importantes ocorreram nesse período, sendo prescindível a menção de todos eles. Na verdade, a criação do DNA recombinante, marco da genética moderna, não aconteceu de maneira descontextualizada. Vários eventos menos relevantes criaram o cenário perfeito para o seu surgimento.

A chave do sistema do DNA recombinante, que, como já explicado, consiste na transferência de material genético de um organismo a outro, é a sua capacidade de replicação natural depois da sua introdução. Após esse momento histórico, vários outros experimentos e pesquisas foram sendo realizados, assim como foram feitos apelos no sentido de se limitar a engenharia genética (BARTH, 2005, 386).

Durante os anos 1980, diversos avanços científicos no campo das ciências relacionadas com a vida foram tomando espaço. Nessa década, foi realizado o primeiro experimento da história em transgenia. Já em 1981, Richard Palmiter e Ralph Brinster fizeram a experiência com camundongos e, em 1982, foi produzido o tabaco transgênico, primeiro vegetal gerado com essa técnica. Em 1985, foi criada a primeira planta transgênica resistente a insetos e o primeiro porco transgênico e, em 1988, surgiu o primeiro cereal transgênico (NINIS, 2011, 31).

A transgenia, ou transgênese, é uma técnica de manipulação genética em que se produzem organismos geneticamente modificados, conhecidos pela sigla OGM, que recebem material genético de outras espécies. Os organismos que se submeteram a essa técnica são denominados transgênicos. Como afirmado, a tecnologia do DNA recombinante foi o que tornou viável essa prática. Atualmente, muitos alimentos transgênicos são consumidos, inclusive por seres humanos, tendo as ciências biomédicas sido profundamente mudadas por essa técnica.

Vários experimentos também foram empreendidos no que tange à clonagem, que no momento inicial era feita apenas com células embrionárias. Por exemplo, quando, em 1993, embriões humanos foram clonados por Jerry Hall e Robert Stillman, e, depois, quando em 1997 a ovelha conhecida como Dolly foi clonada. O processo deste último experimento consistiu resumidamente na cópia do material genético de uma ovelha adulta, de seis anos, e sua transferência para um óvulo anucleado (NINIS, 2011, 37).

Houve um grande temor no sentido de que Dolly já pudesse nascer velha, o que não ocorreu. Todavia, se uma ovelha normalmente tem expectativa de vida de doze anos, Dolly viveu apenas seis, o que levou os pesquisadores a crer que os cromossomos possuem um tempo de vida e que, mesmo em um indivíduo jovem, seus limites não podem ser ultrapassados. Um fato interessante foi o de que a ovelha clonada produziu prole, provando não ser estéril (CLOTET, 2006, 209).

Todos esses acontecimentos provocaram significativa inquietação, pelas incertezas que geram. Por outro lado, as vantagens do uso da engenharia genética também são levadas em consideração nessas discussões. Os debates sobre o tema devem sempre ter em conta os benefícios, assim como as desvantagens do uso dessas tecnologias, invariavelmente em uma perspectiva permeada pelos princípios bioéticos, uma vez que são os resultados desses questionamentos que levam à produção legislativa, tanto no âmbito de tratados e acordos internacionais quanto no âmbito interno dos diversos Estados.

Em 1988, foi iniciado o Projeto Genoma Humano, concluído no dia 26 de julho de 2000, que constituiu um significativo passo para o avanço da engenharia genética. Com precisão em torno de 99,99%, foi realizado um completo mapeamento do genoma humano, que concluiu que o DNA humano é formado por 30 mil genes, organizados em 46 cromossomos, em 23 pares. Os já mencionados nucleotídeos que compõem o DNA – adenina, guanina, citosina e timina – arranjam-se de diferentes formas, proporcionando a cada indivíduo características únicas (BARTH, 2005, 361-362). Esse projeto foi considerado um dos maiores empreendimentos científicos da atualidade em razão de todas as possibilidades que ele abre para o desenvolvimento da ciência. Seu potencial tem amplitude que vai desde testes genéticos e investigação criminal por DNA à terapia gênica e à engenharia de bebês (DINIZ, 2017, 595-605).

Como não poderiam deixar de ocorrer, debates éticos e jurídicos foram realizados como consequência dessa descoberta. Um exemplo foi a empresa Celera Genomics, do cientista britânico Craig Venter, que mapeou 6.500 genes aleatórios e pediu a patente desse conhecimento. Tomando por base essa demanda, os Estados Unidos entenderam não ser passível de patenteamento o genoma humano (NINIS, 2011, 35). O sequenciamento do DNA humano constituiu um dos mais relevantes marcos históricos na edição genética e muitos outros organismos vivos tiveram também seus genomas sequenciados e fichados. Além disso, posteriormente, muitos outros sequenciamentos de diferentes indivíduos foram registrados (SYNTHEGO, 2022).

Com a descoberta da CRISPR-Cas9, sistema que será discutido a seguir, abriram-se as portas a uma nova dinâmica, antes somente possível em filmes de ficção científica. Embora o descobrimento dessa associação de técnicas, como será mais bem explicado adiante, seja muito recente, as bases para a sua consolidação datam do início dos anos 2000.

5.1.3. O sistema CRISPR-Cas9

Conforme se aduz do já exposto, a engenharia genética veio sofrendo profundas transformações com o surgimento de novas tecnologias. Seu desenvolvimento foi tornando-a cada dia mais apta a viabilizar uma série de procedimentos que antes mal poderiam ser imaginados.

O descobrimento do DNA recombinante abriu as portas para promissoras possibilidades. Todavia, o sistema não era totalmente confiável e apresentava algumas instabilidades, e coube à CRISPR-Cas9 a solução para esses problemas, sendo por muitos considerada a maior descoberta da história da engenharia genética. Seu enorme potencial de aplicações abriu as portas a uma nova era para a biologia e para a medicina, o que suscitou diversas discussões éticas e jurídicas. Porém, antes de se iniciarem essas discussões, é necessária uma explicação, ainda que sucinta e focada apenas nos pontos essenciais, de como funciona essa técnica.

A tecnologia conhecida como CRISPR-Cas9 não é o único sistema de edição do genoma que emergiu recentemente. O destaque para a CRISPR-Cas9 é merecido em razão de sua eficiência e da facilidade de sua aplicação, o que lhe confere uma série de vantagens em comparação com outras tecnologias. Seu uso constitui um verdadeiro salto no âmbito das terapias gênicas (RAN et al., 2013).

Antes que se inicie a explicação acerca do funcionamento da CRISPR-Cas9, é importante esclarecer que a terapia gênica e a edição genética são processos extremamente complexos, e, a despeito da relativa simplicidade do uso da técnica, há outras implicações, que não podem ser desconsideradas. Um organismo vivo ostenta uma estrutura e um conjunto de dinâmicas fisiológicas intrincadas; por isso, é necessário um entendimento completo das interações que ocorrem nesse sistema enredado, antes que se proceda a manipulações genéticas em sequências de DNA que podem apresentar interações desconhecidas com outros genes (GONÇALVES; PAIVA, 2017, 370).

Como será visto no próximo item, há duas grandes espécies de terapia gênica, quais sejam, aquela em linha germinativa e aquela em células somáticas. Esse entendimento é bastante relevante para a percepção da complexidade por trás do uso de uma técnica relativamente simples.

O termo CRISPR corresponde a um sistema presente em bactérias e *archaea* e serve para sua defesa contra invasores bastante comuns, tais quais fagos e plasmídeos de DNA. Foi a partir da observação desse mecanismo de defesa que se pôde entender o funcionamento da CRISPR-Cas9, que associa dois sistemas: o da CRISPR e o da proteína Cas9 (LUZ, 2019, 16).

A bactéria, ao receber o DNA do vírus que a ataca, captura fragmentos desse DNA, recortando-os e incorporando cópias suas, de modo a detectar e atacar os vírus invasores em caso de um novo ataque. É por meio da técnica, conhecida como CRISPR, que as bactérias realizam esse processo. O DNA do invasor é reconhecido porque foi incorporado ao da bactéria. Entretanto, a CRISPR não trabalha sozinha, mas associada a uma proteína, conhecida como Cas9; daí o nome pelo qual o sistema é conhecido (GONÇALVES; PAIVA, 2017, 373).

Em outras palavras, como se verifica do exposto, a tecnologia aqui abordada não foi inventada por cientistas em laboratórios. Ao contrário, é um padrão de defesa natural, observado em organismos vivos, neste caso, bactérias *Streptococcus pyogenes*.

A descoberta da CRISPR, em 2012, pelas cientistas Jennifer Doudna e Emmanuelle Charpentier, junto com sua equipe, não ocorreu de maneira descontextualizada. Na realidade, foi com base em estudos e observações que vinham sendo feitos desde o início dos anos 2000, e mesmo em datas anteriores, que seus estudos foram conduzidos. Isso porque o sistema de defesa adaptativo de certas bactérias vem há muito sendo objeto de estudos.

Utilizando essa técnica de edição do genoma observado no mecanismo natural de defesa das bactérias, chegou-se, em laboratório, de forma semelhante, a possibilidades completamente inovadoras. A CRISPR é um sistema adaptativo em que as sequências espaçadoras de origem viral são incorporadas ao genoma da bactéria, para que essa possa reconhecer os vírus em caso de novo ataque (SYNTHEGO, 2022).

A CRISPR, como já afirmado, não funciona sozinha, mas age em combinação com a nuclease Cas9, ou outra proteína similar, que a auxilia. A Cas9 funciona cortando as moléculas de RNA em pedaços menores, combinando-se com esses fragmentos e impedindo que o DNA do invasor possa se proliferar dentro da bactéria invadida. Foi justamente a observação de que existe a possibilidade de se transportar a memória da imunidade criada por uma bactéria para outra o que abriu campo para o uso do sistema integrado CRISPR-Cas9, como ferramenta de engenharia genética (RAN et al., 2013).

Isso quer dizer que os biólogos apenas fornecem à Cas9 a sequência certa, ou seja, o RNA guia, e é possível que se cortem com muita precisão sequências de DNA nos pontos desejados. Essa ação em genes específicos permite a retirada de genes defeituosos, ou considerados desfavoráveis, de uma célula, bem como sua reposição com outro, diferente. Obviamente, como se poderia esperar, não se está diante de um sistema completamente isento de erros, mas pode-se dizer que se trata de uma técnica dotada de enorme precisão em um sistema que possui grande diversidade, apresentando tipos e subtipos.

Como o objetivo desta obra reside no estabelecimento de discussões éticas e jurídicas a respeito da edição genética com fins eugênicos, não serão esmiuçados detalhadamente todos os aspectos dessa tecnologia, limitando-se à sua apresentação, bem como a de suas principais características; contudo, é necessário um mínimo entendimento do funcionamento desse sistema, até mesmo para que se possam tecer as considerações atinentes ao seu uso, motivo pelo qual se considera relevante essa exposição, ainda que sucinta.

A grande importância da CRISPR-Cas9 para o presente estudo assenta-se no fato de sua descoberta ter de tal modo revolucionado a engenharia genética que muitas novas questões emergiram, principalmente no que se trata de seu uso em seres humanos. Sendo assim, sua abordagem, embora tecida em linhas gerais e sem grandes pormenores, mostra-se imprescindível.

Da mesma forma que a CRISPR-Cas9 funciona em bactérias, é possível ser aplicada em laboratórios, dado que os cientistas são capazes de criar uma pequena sequência de RNA que se ligará a uma molécula-alvo de DNA, promovendo sua alteração. Como ocorre nas bactérias, o RNA fará o reconhecimento da sequência de DNA e a proteína Cas9 fará o recorte do DNA no alvo localizado. Depois que o DNA da célula for cortado, seu reparo será feito pelos próprios mecanismos da célula, com a exclusão ou a inclusão de material genético, de acordo com os objetivos a serem alcançados por aquela alteração genômica (RAN et al., 2013).

A partir do ano de 2014, considera-se que a CRISPR-Cas9 tenha sido levada a um outro patamar, com a ideia de Kevin Esvelt, do "direcionamento" de genes. A possibilidade de serem transpostas as barreiras trazidas pelas leis genéticas tornou-se então real e perfeitamente viável. O ano de 2015 ficou marcado pelo uso da CRISPR para editar geneticamente um embrião humano. Tal procedimento, ocorrido em Sun Yat-Sem University, Guangzhou, China, e realizado pelo cientista Junjiu Huang, provocou inúmeras discussões éticas e controvérsias em todo o mundo (SYNTHEGO, 2022).

Não obstante o fato de em 2018 haver ocorrido a aprovação do uso da técnica para os primeiros experimentos em humanos, uma atmosfera de discussões e controvérsias acerca dos limites dessas práticas, bem como das possíveis aplicações de seus resultados, paira em todo o mundo. Como será visto mais à frente, há notícias do uso não autorizado da CRISPR-Cas9 em embriões humanos, o que chocou toda a comunidade científica mundial e levou às discussões voltadas à produção normativa tanto no âmbito internacional quanto internamente, nas diversas nações do globo.

Tendo sido feita uma rápida investigação sobre o mecanismo de funcionamento da CRISPR-Cas9, atual ferramenta de engenharia genética, passa-se a uma sumária exposição a respeito das diferentes espécies de edição genética. Essa apuração tem valor no sentido de que se estabeleça, dentre os diferentes tipos de engenharia genética, qual é a que apresenta consequências mais perigosas em termos éticos. Da edição genética em células somáticas, com fins meramente terapêuticos, ao *design* de bebês, o progresso trazido pela CRISPR-Cas9 é motivo para que os princípios bioéticos sejam invocados e aplicados aos mais recentes temas polêmicos que as ciências biomédicas enfrentam.

5.1.4. Espécies de edição genética

Inicialmente, cabe estabelecer uma conceituação para o termo "edição genética", por muitos tomado como sinônimo de engenharia genética. A engenharia genética, já conceituada anteriormente, é mais ampla que a edição genética, tendo em vista que o homem vem domesticando organismos vivos, assim como intervindo em suas reproduções há mais de 10 mil anos. Todavia, foi na década de 1970 que se procedeu à primeira transferência de DNA entre diferentes organismos por meio de tecnologias que vinham se desenvolvendo e ganhando maior eficiência.

A edição genética, por sua vez, é um dos mecanismos usados pela engenharia genética em que o genoma de um dado organismo é modificado por meio de inserção, remoção ou modificação de moléculas de DNA. A tecnologia que atualmente vem sendo amplamente utilizada, devido à facilidade de sua aplicação, assim como a precisão de seus resultados, é a CRISPR-Cas9, cujo funcionamento já foi aqui abordado.

São duas as principais espécies de edição genética, quais sejam, em células somáticas e em linha germinativa. Enquanto estas são realizadas em células reprodutivas, que se perpetuam e transmitem para as gerações seguintes, aquelas são feitas em quaisquer outras células do organismo vivo. Esses dois tipos se subdividem em outros, de acordo com os objetivos com que são empregados, mas importa mesmo explicar detalhadamente as duas espécies principais.

A edição genética pode ser feita em células somáticas, ou seja, quaisquer células de organismos multicelulares que formem tecidos e órgãos e que não estejam diretamente envolvidas no processo de reprodução. Esse tipo de modificação do genoma não é transmitido a gerações posteriores, restringindo-se ao organismo que sofreu a edição. A edição genética em células somáticas, como se pode imaginar, é menos perigosa que aquela em linha germinativa, uma vez que os seus efeitos se restringem ao organismo modificado (FURTADO, 2019).

Nesse caso específico, deve ser aplicado o princípio bioético da autonomia, tendo em vista o direito que possui o sujeito de autorizar ou não a intervenção em seu próprio genoma: intervenções terapêuticas, e mesmo de aperfeiçoamento, situam-se no campo decisório individual (CLOTET, 2006, 114). Do mesmo modo que uma pessoa pode optar por se submeter ou não a um tratamento que não tenha relação com seu genoma, como uma modulação hormonal, por exemplo, ela deve ter o direito de escolha quanto a terapias genéticas em células somáticas. Evidentemente, esse indivíduo deverá ser informado de todas as implicações que esse tratamento acarretará (PESSINI, BARCHIFONTAINE, 2007, 293).

Essas considerações são feitas de um prisma individual. Todavia, há uma série de implicações sociais ligadas à prática mencionada, o que será abordado mais adiante.

Não obstante esse tipo de edição genética não ter o condão de ser transmitido aos descendentes, há preocupações relacionadas ao seu uso. Em termos éticos, pensando-se na esfera exclusivamente individual daquele que passa pelo tratamento, não há grandes contratempos. Isso porque, embora se trate de intervenção genética, como as alterações não são passadas às gerações futuras, o procedimento assemelha-se a terapias convencionais.

Havendo o livre consentimento informado por parte do paciente, com fulcro no princípio da autonomia, se a intervenção não atingir os objetivos pretendidos, o entendimento é de que o paciente aceitou os riscos e que não há contestação. O problema reside apenas em termos de justiça social e, de certo modo, do real entendimento que uma pessoa leiga possa ter acerca das consequências que poderiam advir do uso de técnicas que não são plenamente dominadas pelo homem (PESSINI, BARCHIFONTAINE, 2007, 293).

Quando é realizada a terapia genética em linha germinativa, as modificações feitas no código genético propagam-se a futuras gerações, impossibilitando que o indivíduo que as herdou possa se posicionar contrariamente a isso, ferindo-se o princípio da autonomia. Sua capacidade de deliberar a respeito de tratamentos a que se submeta será assim restringida (DINIZ, 2017, 15).

Um injusto acesso a essas tecnologias é algo que também deve ser considerado no que tange às terapias genéticas em células somáticas. Isso porque, em razão de desigualdades econômicas, uns terão acesso a elas e outros não, agravando um desequilíbrio já existente (SGANZERLA; PESSINI, 2020). Todavia, em um primeiro momento, e de maneira restrita às terapias gênicas em células somáticas, essa não seria uma razão suficiente para o seu desestímulo. Questões relativas ao acesso desequilibrado a tecnologias não podem servir de argumento para que essas tecnologias não sejam pesquisadas e utilizadas. De fato, todas ou quase todas as inovações científicas, voltadas ou não para a área médica, são inicialmente bastante caras, passando a ser disponibilizadas à sociedade como um todo apenas posteriormente. Ainda que não haja uma perfeita distribuição de todas as terapias existentes, o que se opõe ao princípio da justiça, essa não é uma razão para que se desestimule o seu uso, devendo-se, ao contrário, ampliá-lo, para que atinja mais pessoas.

O estudo desse tipo de edição genética já vem sendo realizado em diversos países do mundo. Além disso, a U.S. Food and Drug Administration (FDA) aprovou a comercialização de alguns produtos de terapia genética nos Estados Unidos. Do mesmo modo, a participação voluntária de pacientes nos estudos clínicos de terapia genética em células somáticas é possível desde que informados os riscos – alguns ainda nem sequer conhecidos – e seus possíveis efeitos colaterais, garantido o respeito às normas éticas (TO, 2020).

Recentemente, noticiou-se o uso da técnica pelo imunologista Deng Hongkui, da Universidade de Pequim, na China, que, junto com sua equipe, testou a CRISPR-Cas9 em um homem de 27 anos, portador de HIV e leucemia. No experimento, células retiradas da medula de um doador saudável foram modificadas pela técnica, que desativou o gene responsável pela produção da proteína que serve de porta de entrada para o vírus HIV, causador da AIDS, nos linfócitos. Embora os resultados tenham se mostrado apenas parcialmente favoráveis, tendo em vista que somente um pequeno percentual dos novos linfócitos produzidos pela medula apresentou a alteração protetora, a CRISPR-Cas9 mostrou ser uma técnica segura (GATTIS, 2020).

Muitos experimentos já foram realizados em animais e vegetais, comprovando a simplicidade e estabilidade da CRISPR-Cas9, inclusive no Brasil. Porém, em humanos, não há tantos relatos, em decorrência de todas as questões legais e éticas envolvidas, além do fato de o domínio da técnica ser bastante recente e original.

É importante esclarecer que a comunidade científica em geral defende o uso da terapia gênica em células somáticas. Especialmente quando se trata de enfermidades graves, e levando em conta a razoabilidade e a ponderação de valores, entende-se que deve ser aplicada a terapia gênica. Contudo, quando se empregam as tecnologias de edição genética em células embrionárias, muitas outras controvérsias emergem, razão pela qual surgem implicações de caráter moral.

A edição de células somáticas pode também ser realizada sem que seus fins sejam terapêuticos, em uma perspectiva eugênica. Essa extrapolação foi bastante condenada no universo científico, especialmente em seu momento inicial em que não se conheciam todas as implicações causadas por alterações no genoma humano. Todavia, o melhoramento humano, que de certo modo difere da eugenia, que busca a depuração da espécie usando medidas segregativas, já é uma realidade no mundo inteiro (GONÇALVES; PAIVA, 2017, 373).

O citado melhoramento humano, desde que usado de forma segura, não precisa ser abominado, até mesmo porque ele já é praticado sem o uso da engenharia genética. Recursos como anabolizantes, "pílulas da beleza" e suplementos, o uso de medicamentos para o aumento da capacidade cognitiva, assim como a realização de cirurgias com fins estéticos, procedimentos muito comuns e amplamente difundidos, comprovam isso. Por não envolverem a alteração do genoma, não há grandes questionamentos éticos quanto a essas práticas. O fato de serem usadas técnicas de edição genética em células somáticas, ou seja, restritas ao organismo do indivíduo, sem transmissão a descendentes, de forma segura e informada, não é capaz de provocar tanto embaraço do ponto de vista ético e moral, embora se possa entender essa prática como contrária ao princípio da justiça.

No entanto, há uma outra espécie de edição genética que causa maiores inquietações éticas. Trata-se da edição genética em células germinativas, que, por ultrapassarem os limites pessoais, uma vez que as alterações realizadas nos genes são transmitidas aos descendentes, fere o princípio da autonomia (CLOTET, 2006, 114). Se o genoma é um direito humano, é passível de aceitação que uma geração promova alterações no DNA em consequência direta às gerações posteriores?

As células da linhagem germinativa são aquelas que dão origem aos gametas, isto é, às células reprodutivas dos organismos multicelulares, cuja reprodução é sexuada. Essas células dão origem, no caso humano, aos óvulos e aos espermatozoides (PESSINI, BARCHIFONTAINE, 2007, 270). O processo de transformação das células germinativas em gametas é complexo e foge ao nosso objetivo, razão pela qual se considera suficiente que se explique em que consistem as células da linhagem germinativa.

Também é possível a edição genética em embriões humanos, e há notícias dessa aplicação haver sido praticada recentemente, conforme será abordado mais à frente. Nesse caso, a modificação do genoma é realizada já no embrião e não no DNA de seus progenitores, com a intenção clara de produzir as mudanças naquele ser humano que virá a nascer.

Apesar de a maioria dos estudos que envolvem a edição genética se restringirem às células somáticas, também há relatos de pesquisas envolvendo células germinativas e mesmo a aplicação de técnicas avançadas como a CRISPR-Cas9 em embriões humanos, como será visto mais adiante. O maior problema reside, nesse caso, no fato de as mudanças serem repassadas a futuras gerações.

Desse modo, alterações permanentes no DNA, passíveis de propagação a gerações futuras, precisam ser ponderadas. E isso se dá por várias razões as quais serão expostas a seguir.

5.1.5. A edição genética em linha germinativa

Como visto, a edição genética em linha germinal, ou germinativa, tem o condão de transcender a esfera individual de quem por ela optou. De fato, as implicações são maiores na edição genética em células embrionárias, uma vez que outras pessoas, alheias àqueles que decidiram pela prática, são por elas atingidas, chegando ao genoma humano como um todo, cujas alterações seriam capazes de, em última análise, modificar a própria natureza essencial da espécie humana.

Por esse motivo, há muita cautela quando se trata desses tipos de procedimentos, e a maioria das pesquisas em engenharia genética se concentra em sua aplicação a células somáticas. Todavia, em função da disponibilidade técnica do processo, que vai se tornando cada vez mais viável, à medida que novas pesquisas vão tomando lugar, é preciso que se teçam as devidas ponderações sobre o assunto.

Há muitas controvérsias quanto ao tema, que não pode ser apreciado de apenas um ângulo isolado. Essa afirmação decorre do fato de haver argumentos contra o uso de técnicas de edição genética, tais como a CRISPR-Cas9, em linha germinal, assim como argumentos em sua defesa. Todos esses aspectos serão analisados mais detalhadamente a seguir, mas adianta-se que há quem seja a favor dessa aplicação, tendo em vista que, havendo a disponibilidade de recursos para se prevenirem enfermidades genéticas, seria injusto não os utilizar, deixando todos à mercê do acaso (SGANZERLA; PESSINI, 2020).

Tendo sido testado em animais e mesmo em seres humanos, neste último caso em experimentos de legalidade controvertida, o método preocupa-se tanto em termos de ética quanto em termos de se dispor ao domínio de toda a capacidade técnica necessária para isso. E o motivo da preocupação, no que diz respeito à ética relacionada a essa técnica, é o completo desconhecimento que modificações genéticas pontuais podem acarretar no organismo como um todo, e nele como parte de um sistema ambiental equilibrado, já que os genes se relacionam entre si, e, mais ainda, suas consequências a longo prazo.

Em primeiro lugar, não se pode esquecer que o genoma humano é considerado patrimônio da humanidade, de acordo com a UNESCO. Isso, conforme já afirmado, foi atestado no Artigo 1º da *Declaração universal sobre o genoma humano e os direitos humanos* (UNESCO, 1997).

A inclusão do genoma como patrimônio da humanidade foi realizada, em um primeiro momento, com o objetivo de se evitar a comercialização de genes. Pois, como já abordado anteriormente, não se aprovaram as demandas no sentido de se patentearem mapeamentos genéticos, considerando o fato de os dados relativos ao patrimônio genético pertencerem a toda a espécie humana.

Nesse sentido, uma análise mais extremada do assunto afirmaria que toda a continuidade da espécie humana pode ser ameaçada por alterações genéticas em linha germinal, caso sejam promovidas de maneira irrestrita, ou mesmo restrita, mas sem que se levem em conta todas as suas repercussões a longo prazo. Aqui ainda pode ser levantada a questão ambiental, pois o ser humano interage com o ecossistema; logo, modificações no seu DNA podem sobrecarregar ou desequilibrar a natureza.

A Lei nº 13.123, de 20 de maio de 2015, que, dentre outros assuntos, dispõe sobre o acesso ao patrimônio genético, assim o define:

> Art. 2º: Além dos conceitos e das definições constantes da Convenção sobre Diversidade Biológica – CDB, promulgada pelo Decreto nº 2.519, de 16 de março de 1998, consideram-se, para os fins desta Lei:
> I – patrimônio genético – informação de origem genética de espécies vegetais, animais, microbianas, ou espécies de outra natureza, incluindo substâncias oriundas do metabolismo destes seres vivos; (...) (BRASIL, 2015).

Entendendo-se o conceito básico de patrimônio genético, algumas considerações podem ser feitas. A primeira delas assenta-se no fato de toda essa informação a respeito da vida no planeta, presente no DNA dos seres vivos, estar inserida em um contexto ambiental. Isso tem relevância no sentido de que se devem ponderar alterações feitas no meio ambiente, já que este possui um equilíbrio construído ao longo de milênios de evolução, ocorrendo de forma lenta e contínua. Essa vagarosidade nas transformações genéticas permitiu que o ecossistema tivesse tempo para oportunizar as adaptações necessárias a todas as espécies envolvidas.

A incorporação dessas novas características genéticas ao DNA de toda a espécie humana apresenta dilemas que vêm sendo discutidos pela comunidade científica. Além dos riscos ambientais, há outros a serem considerados. Um importante exemplo são os perigos que mutações aleatórias no DNA podem acarretar no longo prazo. Inúmeros problemas sociais também podem advir dessa prática, uma vez que a percepção social dos indivíduos geneticamente modificados pode vir a ser positiva ou negativa, dependendo de inúmeras circunstâncias.

No entanto, há muitos pesquisadores que entendem haver enorme potencial terapêutico na edição de células germinativas humanas. De certo modo, a cura de enfermidades cuja origem se encontra no DNA não difere muito da erradicação de quaisquer outras doenças. Além disso, caso sejam bem pensadas e embasadas em experiências, a própria natureza poderia ser beneficiada por mudanças no genoma, humano ou não, já que isso poderia levar a uma "reconfiguração da biosfera", mais voltada à retomada de seu equilíbrio (FURTADO, 2019).

A maior parte da comunidade científica, entretanto, não concorda com isso. Como será discutido mais detalhadamente adiante, a modificação do genoma de gerações futuras peca por não obter o consentimento daquele que sofrerá as consequências disso. Independentemente de as alterações genômicas produzirem resultados benéficos ou não, o respeito ao princípio da autonomia, que pressupõe o consentimento esclarecido, somente pode ser afastado em circunstâncias excepcionalíssimas, como no caso de uma situação de extrema urgência, por exemplo.

Sob qualquer hipótese, não se pode relevar o fato de que os riscos dessas práticas ainda são muito desconhecidos. De fato, ainda que os cientistas demonstrem ser capazes de editar o genoma humano com precisão, eles mesmos reconhecem que não dominam todas as suas implicações. Como se sabe, a Bioética de proteção é uma vertente que se preocupa com os riscos a que a sociedade está exposta, e exige que o governo imponha limites às práticas biomédicas. Os riscos precisam ser minimizados, em todas as esferas, especialmente as mais vulneráveis, e o princípio da não maleficência exige que os danos sejam evitados ao máximo, em particular no que se diz respeito a riscos praticamente desconhecidos (FURTADO, 2019).

Nessa primeira abordagem, esclarecemos o funcionamento da edição genética, dando-se destaque para as mais importantes e recentes tecnologias. Ademais, diferenciamos, ainda que de maneira resumida, os tipos de edição genética, utilizando-se, para isso, do critério de suas finalidades. Para que essa discussão possa ser mais aprofundada, passa-se, a seguir, a uma exposição a respeito das possíveis aplicações dessas diferentes técnicas.

5.2. Os possíveis usos das tecnologias de manipulação genética

Consoante o acima exposto, a humanidade chegou a um estágio de evolução científica no qual se tornou viável uma série de práticas que antes pertenciam apenas ao campo da ficção. Desse progresso científico, como não poderia deixar de acontecer, emergiram inúmeras questões éticas que devem ser enfrentadas e solucionadas.

Em um capítulo anterior, discutiu-se a importância da Bioética no contexto do surgimento de novas tecnologias, mais especificamente quanto ao tema da manipulação genética, em que é imprescindível a incidência dos princípios bioéticos. A relevância desse debate assenta-se tanto na contemporaneidade do assunto quanto na gravidade das consequências das práticas a ele associadas.

Como o avanço dessas tecnologias propicia os mais diversos empregos, trataremos a seguir de algumas dessas possibilidades. Todavia, tendo em vista que nosso intento reside na exposição sobre a manipulação genética em humanos em linha germinativa com fins eugênicos, todas as considerações acerca de outras aplicações serão breves e constarão apenas a título de contextualização, além de servirem para o entendimento de toda a dimensão dessas técnicas.

Inicia-se a exposição com os usos das técnicas de eugenia com as manipulações do genoma em espécies não humanas e algumas das consequências que essas práticas podem trazer ao homem e ao meio ambiente.

5.2.1. A manipulação de seres vivos não humanos e suas implicações

Como já afirmado, a intervenção do homem em animais e plantas não é recente. No entanto, a domesticação das diferentes espécies e o fomento a reproduções voltadas à produção de descendentes portadores de certas características específicas não envolviam a interferência direta no DNA.

Por não se tratar aqui do objeto central, faremos uma breve exposição acerca das implicações que envolvem os organismos geneticamente modificados, visando apresentar as questões bioéticas e jurídicas que envolvem os organismos não humanos submetidos a mudanças genéticas, para que se possa daí estabelecer uma comparação com as modificações genéticas realizadas em seres humanos. Ademais, a pertinência temática justifica-se pelo fato de terem sido as experiências realizadas em animais, plantas e outros organismos que permitiram que se pudessem aplicar as diversas modalidades de técnicas de manipulação genética em seres humanos. Um outro ponto relevante, que será esclarecido de forma mais detalhada no próximo tópico, diz respeito às consequências que a intervenção humana na natureza pode acarretar ao meio ambiente.

A partir da década de 1970, em função de descobertas na área das ciências biológicas, especialmente na engenharia genética, tornou-se possível a interferência direta no genoma, o que foi inicialmente aplicado a bactérias e vegetais.

À medida que o funcionamento do DNA ia sendo dominado pela ciência, novas experiências eram desenvolvidas.

Os OGM, sigla para "organismos geneticamente modificados", são aqueles cujo material genético sofreu modificações pela ação humana. Sua definição pode ser encontrada na Lei nº 11.105/2005, que trata de normas de segurança e mecanismos de fiscalização de atividades que envolvam esses organismos. O artigo 3º dessa lei, que traz conceitos relevantes, já foi reproduzido em item anterior, contudo, o texto da lei não define transgênicos, que devem ser entendidos como aqueles organismos que contêm material genético proveniente de outros organismos, sejam eles da mesma espécie ou de espécies diferentes. Desse modo, dentre os OGM estão incluídos os transgênicos, cujas modificações de DNA incluem o recebimento de material genético de outros organismos. Por sua vez, os cisgênicos são organismos que foram modificados com a utilização da tecnologia do DNA recombinante, sendo que o DNA recebido provém de alguma espécie estreitamente relacionada. Ou seja, as trocas de material genético são feitas entre organismos que naturalmente podem cruzar entre si.

Apresentados esses conceitos, passemos a uma breve abordagem crítica sobre a manipulação genética em organismos não humanos (SCHOUTEN; KRENS; JACOBSEN, 2006), dado que a ação humana voltada à modificação artificial das espécies traz consigo vários objetivos, tais como a melhoria da prole segundo parâmetros considerados mais favoráveis, ou mesmo a pesquisa e a curiosidade. Muitas práticas foram realizadas nesse sentido, desde a pré-história, e muito antes do entendimento do funcionamento de genes por parte da humanidade.

A tecnologia do DNA recombinante e, mais recentemente, a técnica de edição genética CRISPR-Cas9 vêm viabilizando o desenvolvimento de novas variedades de animais e plantas, o que apresenta, dentre inúmeros benefícios, a possibilidade do aumento da disponibilidade e da qualidade de alimentos para a humanidade, bem como para outras espécies. As discussões sobre o tema residem, de um lado, nas vantagens trazidas por essas práticas e, de outro, em todos os riscos que elas podem acarretar.

Em continuidade, vale citar o princípio da precaução, não mencionado por nós, mas que ganhará espaço em nossa discussão.

Resumidamente, o princípio da precaução apresenta-se como uma garantia de que, não havendo certeza científica a respeito de alguma prática, devem ser ponderados os riscos de novas tecnologias. Como é necessário o enfrentamento dos limites que se situam entre o conhecido e o desconhecido, para que o progresso científico seja possível, é imprescindível que seja feita uma criteriosa análise dos possíveis riscos que novas tecnologias possam trazer consigo (OLIVEIRA FILHO, 2014, 8). Surge daí uma forte preocupação devido às muitas implicações que modificações no genoma de organismos podem trazer tanto de maneira mais imediata, como, por exemplo, em relação a alergias alimentares, quanto em um prazo mais longo, no que diz respeito às consequências ambientais que isso acarretará. Um cenário repleto de riscos é montado a partir de alterações feitas no DNA de qualquer espécie, visto não serem dominadas todas as variáveis envolvidas nesse processo.

O paradoxo que envolve os OGM assenta-se, de um lado, na necessidade de se produzirem mais alimentos, e de melhor qualidade, e, de outro, no risco que essas modificações genéticas trazem consigo (PESSINI; BARCHIFONTAINE, 2007, 280-281). Tendo em vista o fato de as consequências dessas práticas não afetarem apenas as gerações atuais, mas também as futuras, urgem reflexões mais aprofundadas, especialmente no âmbito do direito ambiental, assim como um aparato legal que leve em consideração o princípio da precaução.

Quando não se conhecem os efeitos de uma determinada prática, deve estar presente o princípio da precaução, que é levado em consideração também quando se adentra especificamente a edição genética em linha germinativa com fins eugênicos – não abordado anteriormente por não constar no rol dos princípios clássicos da Bioética. Assim, pareceu mais oportuna a contextualização do princípio da precaução no presente item.

Como já afirmado, não são passíveis de previsão as consequências de uma seleção artificial, em particular se realizada no nível genético. Devido à universalidade do código genético, é possível, com a tecnologia hoje disponível, que se façam alterações praticamente ilimitadas. Essas possibilidades podem dar azo a toda uma gama de acidentes e problemas ambientais (OLIVEIRA FILHO, 2014).

Se, de um lado, consideram-se os organismos geneticamente modificados uma alternativa para o aumento da produção de alimentos, e mesmo para a redução do uso de agrotóxicos, uma vez que esses organismos podem se mostrar imunes a diversas infestações, de outro, deve-se levar em conta os riscos que os cercam. Em muitos casos, deduz-se da racionalidade científica que, se um risco não é comprovado, ele não existe, o que não é verdadeiro. Em realidade, há múltiplas opiniões científicas sobre qualquer assunto que se apresente à discussão, motivo pelo qual o poder público, por intermédio de órgãos especializados, deve limitar as atuações de acordo com os riscos que apresentem (RODRIGUES; SOUZA, 2017, 127).

Por isso, exige-se muito cuidado no tocante às intervenções realizadas pelo homem na natureza. Por não dominar todas as variáveis envolvidas na intrincada trama em que consiste o ecossistema, por diversas vezes a interferência humana causou grandes desequilíbrios ambientais. Alguns exemplos dessas ocorrências serão apresentados no próximo item.

5.2.2. Alguns exemplos históricos de consequências da intervenção do homem na natureza

Não há qualquer dúvida quanto ao fato de que a atuação humana na natureza vem provocando sucessivos e crescentes desequilíbrios ambientais. A menção a esse assunto, com a citação de alguns exemplos, justifica-se pelo seu potencial de suscitar reflexão a respeito das consequências de intervenções no meio ambiente, aparentemente inofensivas, realizadas pelo homem.

Desse modo, os exemplos aqui apresentados têm a função de demonstrar que a natureza ostenta um equilíbrio muito frágil e que a impensada intromissão humana é capaz de causar efeitos catastróficos.

Um exemplo desse impacto é a introdução de espécies exógenas em ambientes ecologicamente equilibrados, como, por exemplo, a introdução de coelhos europeus na Austrália, no século XVIII, para servir como fonte de alimentos. Esses animais se reproduziram desordenadamente e, por não terem encontrado predadores naturais na região, houve uma enorme explosão populacional que levou à devastação das plantações ali existentes. Para combatê-los, foi preciso que o homem introduzisse na natureza o vírus causador da mixomatose, doença que produzia efeitos cruéis nos coelhos, para que se controlasse a infestação dos roedores no país, e isso precisou ser feito em diversas ocasiões, porque, depois de reduzida a população, ela novamente volta a crescer, ocorrendo novas infestações (BBC, 2018).

Quando houve a introdução da espécie nova no solo australiano, muitas foram as afirmações a respeito da sua inofensividade. A inexistência ou escassez de predadores naturais para os coelhos europeus nem sequer foi cogitada, passando totalmente despercebida. Isso se deu em decorrência da falta de experiências anteriores e de domínio de todas as variáveis que envolviam o equilíbrio do ecossistema australiano. Qualquer alteração a ser realizada no ambiente estável da natureza deve envolver muita cautela.

A intervenção no DNA humano também traz consigo o potencial de alterar o meio ambiente, tanto de forma benéfica quanto prejudicial. Isso porque os indivíduos geneticamente modificados são introduzidos no meio ambiente, onde perpetuam seus caracteres por meio da reprodução, assim como interagem e concorrem com outros indivíduos que não sofreram alterações genotípicas (FURTADO, 2019).

Desse modo, organismos geneticamente modificados, como os transgênicos, que recebem DNA de outras espécies, também podem trazer efeitos inesperados sobre a saúde humana. Isso porque a modificação de certos genes específicos, com o intuito de se melhorarem as características fenotípicas de animais e plantas, muitas vezes vem acompanhada de efeitos não intencionais, já que a alteração de um gene pode influenciar a expressão de outro (COSTA et al., 2011).

Um caso já aqui mencionado foi o da clonagem da ovelha Dolly, que teve uma vida muito mais curta do que a esperada pelos pesquisadores, tendo vivido apenas os anos que restavam à ovelha fornecedora do DNA. Esse fato causou surpresa aos cientistas envolvidos no processo e demonstrou que a engenharia genética, do mesmo modo que outras intervenções humanas nos processos naturais, precisa ser exercida com parcimônia e cautela.

Enquanto os efeitos de um acidente na elaboração de um produto em um laboratório podem ser facilmente revertidos, o mesmo não ocorre com organismos vivos. Se, porventura, uma alga geneticamente modificada for acidentalmente liberada na natureza e passar a interagir com outros organismos vivos, os efeitos desse evento são dotados de grande imprevisibilidade (ROHREGGER; SGANZERLA; SIMÃO-SILVA, 2020).

Sabe-se que superbactérias são desenvolvidas com o objetivo de ajudar determinadas plantas a terem uma maior taxa de sobrevivência, assim como outras são criadas para provocar a morte de plantas consideradas indesejáveis. Jamais se deve ignorar o fato de que todas essas interferências artificiais no meio ambiente têm consequências práticas, devendo, portanto, ser realizadas de forma comedida (OLIVEIRA, S. B., 2001, 16).

Toda essa incerteza relacionada ao uso da tecnociência, em particular no que tange às biotecnologias, torna excessivamente preocupante a sua aplicação de maneira impensada e sem a imposição de fronteiras. Até porque, em uma perspectiva mais voltada à manipulação genética, essa tecnologia se situa nas mãos de poucos cientistas, que acabam por deter excessivo poder, capaz de trazer consequências, em muitos casos danosas, a toda a humanidade (ROHREGGER; SGANZERLA; SIMÃO-SILVA, 2020).

Até aqui foram tratados os possíveis riscos da intervenção humana na natureza. Todavia, ainda não foram especificamente analisados esses riscos quando a edição do genoma é feita na espécie humana, o que será abordado a seguir.

5.2.3. Edição genética de seres humanos com fins terapêuticos

Se o princípio da precaução deve necessariamente ser aplicado aos OGMs, não se pode, em qualquer hipótese, admitir que as mudanças em humanos não sofram essas mesmas ponderações e outras mais. Sendo a espécie humana única, quando se modifica o genoma de alguns indivíduos, especialmente em linha germinal, coloca-se em risco sua própria natureza (SGANZERLA; PESSINI, 2020).

Deve-se acrescentar que, como é o próprio homem que altera seu genoma, muitas vezes não há o distanciamento necessário para uma análise imparcial sobre os caracteres que devem sofrer modificação, podendo haver influências emocionais, culturais, dentre outras. Além disso, experiências que não obtiveram bons resultados trazem consigo o problema de não poderem ser simplesmente descartadas. Afinal, trata-se de seres humanos, e não de objetos.

Há muitos benefícios na edição genética realizada em células somáticas do organismo humano, como a promessa de cura de diversas enfermidades, algumas nem sequer causadas por problemas genéticos. Assim, trata-se de uma promissora ferramenta a ser usada na área da saúde no combate a inúmeras doenças, tais como AIDS, hemofilia e muitas formas de câncer.

Como já explicitado, a edição genética em células somáticas não tem o condão de transmitir os genes que foram alterados para gerações futuras, ou seja, a prole dos indivíduos tratados não herdará as modificações genéticas a que seus pais se submeteram. Conquanto não se possam ignorar os riscos que a falta de domínio das implicações que a alteração de um conjunto específico de genes possa causar à expressão de outros genes, os cientistas veem no uso dessas técnicas uma ferramenta muito promissora (LANPHIER et al., 2015).

Assim, embora envolvam riscos, porque os pesquisadores não conhecem os efeitos dessas terapias no longo prazo, e uma vez que qualquer modificação na natureza traz consequências imprevisíveis, é necessário que se ponderem os benefícios que elas podem trazer. Há que se estabelecer um sopesamento, considerando-se os benefícios e as vantagens que podem advir dessas técnicas, sempre com base nos princípios bioéticos, e à luz da dignidade da pessoa humana.

Ainda acerca dos riscos, diferenciam-se esses dos perigos, conforme a explicação por Patrícia Bianchi (2010, 55): "Na sociedade de risco contemporânea, os perigos caracterizam-se pelas circunstâncias fáticas que sempre ameaçaram a sociedade; enquanto que os riscos criados artificialmente pelo homem, são consequências do seu livre-arbítrio."

É importante lembrar que quase todas as terapias estiveram inicialmente envoltas em muitas incertezas, e que só com o decorrer do tempo foram sendo aperfeiçoadas, após testes e aplicações práticas. O que se defende não é o desprezo total pela engenharia genética, mas o seu uso de maneira limitada, sempre com a aplicação dos princípios bioéticos ao caso específico, assim como a observância da justiça em relação ao seu acesso.

Parte-se agora a uma análise mais crítica da edição genética em linha germinativa, a qual se encontra mais alinhada com nosso intento.

5.2.4. As preocupações em torno da edição genética em seres humanos em linha germinativa

Já foi afirmado anteriormente que a edição genética em linha germinativa é aquela realizada em células não somáticas, podendo as alterações sofridas pelos genitores ser herdadas pelas futuras gerações. Essas mudanças genéticas são incorporadas ao DNA da humanidade, razão pela qual não é em geral bem vista, especialmente por ultrapassar um limite que não deveria ser transposto.

Assim, muitas controvérsias envolvem o tema em questão. Enquanto se deve entender como benéfica a terapia em células somáticas, desde que aplicada de forma consciente, com o uso de técnicas aprimoradas por estudos e embasadas em pesquisas sérias, a edição em células germinativas precisa ser desencorajada, dados os muitos riscos que envolvem essas terapias. Dentre eles, as consequências que as gerações futuras podem herdar, uma vez que não há certeza quanto ao impacto que essas mudanças acarretarão a médio e longo prazo. Outro ponto a ser considerado são as consequências sociais que podem advir desse tipo de prática.

Também se deve reiterar que experiências frustradas envolverão seres humanos, que não podem ser descartados nem substituídos por novas cobaias para a realização de novos testes.

Já se afirmou que a humanidade tende a uma busca incansável pela perfeição, em que são supervalorizados caracteres considerados ideais. Isso foi demonstrado por meio de relatos históricos, menção de filósofos clássicos, assim como pela citação dos experimentos nazistas, que mostraram até onde se pode chegar na tentativa de se criar o ser humano perfeito.

Alguns testes já foram feitos em células germinativas, em que cientistas ignoraram as recomendações de tratados internacionais. Revistas muito prestigiadas como a *Nature* e a *Science* recusaram-se a publicar os resultados desses trabalhos, devido às questões éticas envolvidas (FURTADO, 2019).

Partindo-se da premissa de que todas as tecnologias a serem aplicadas sejam suficientemente seguras, ou seja, ampla e seriamente testadas de modo a haver comprovação de sua eficácia e estabilidade, deve-se abrir campo para outros questionamentos, em especial os relacionados com a ética. E, na opinião de importantes cientistas, incluindo a bioquímica e bióloga molecular norte-americana Jennifer A. Doudna, conhecida por seu trabalho pioneiro na descoberta da CRISPR, considerações éticas mais profundas sobre a edição genética em linha germinal (BALTIMORE et al., 2015).

No artigo intitulado *A prudent path forward for genomic engineering and germline gene modification*, publicado na renomada revista *Science*, Jennifer A. Doudna, Paul Berg, pioneiro da técnica do DNA recombinante, David Baltimore, o ganhador do Prêmio Nobel de Medicina, e outros pesquisadores renomados demonstraram sua preocupação no que tange à edição genética. Eles sugerem que seja desencorajada a edição genética em linha germinativa, quando realizada em humanos, mesmo em países onde isso seja permitido.

Também afirmam que essa preocupação deve ser maior em países que tenham menos aparato tecnológico, já que aqueles mais desenvolvidos possuem, em geral, rígida legislação limitando as práticas de manipulação genética. Além disso, sugerem a criação de fóruns de Biótica, em que especialistas podem fornecer informações científicas acerca da manipulação genética, a transparência nas pesquisas com essas tecnologias, bem como a criação de um grupo com representação mundial para debater assuntos legais e bioéticos, criando recomendações específicas (BALTIMORE et al., 2015).

Como já foi mencionado, a UNESCO entende ser o genoma humano a base fundamental de todos os membros da família humana, inerente à sua dignidade e patrimônio da humanidade

(UNESCO, 1997). Nesse sentido, alterações genéticas devem ser realizadas apenas por razões terapêuticas, em células somáticas e com o recurso de técnicas comprovadamente eficazes, o que deve incluir o monitoramento dos resultados em um prazo mais estendido, por se tratar de técnicas novas e que, por essa mesma razão, não possuem estudos de longo prazo. Quanto a estudos em embriões, é preciso muita cautela, mas o essencial é que esses estudos não devem ser permitidos no momento atual.

    Todavia, há muita controvérsia no que diz respeito às normas que regulam essa prática, tanto no âmbito nacional quanto no internacional. Esse assunto será tratado num outro capítulo.

CAPÍTULO VI

Experimentos realizados e aspectos normativos envolvendo a edição genética

Muitas preocupações éticas advêm das possibilidades surgidas a partir do descobrimento das técnicas revolucionárias de manipulação genética. No entanto, também, e de maneira especial, a CRISPR-Cas9, que traz consigo a promessa de erradicar inúmeras doenças, incluindo a AIDS, pode apresentar consequências inesperadas.

O bioético canadense Kerry Bowman, da Universidade de Toronto, explicou, em entrevista, que efeitos colaterais poderiam advir da aplicação desta técnica, algo comparado ao "efeito luzes de Natal", em que a retirada de uma lâmpada poderia afetar todas as outras, ou muitas delas. O mesmo ocorreria com a modificação, supressão ou acréscimo de genes, atos que poderiam afetar outros genes de forma imprevista (GAJEWSKI, 2016).

Como essas alterações, se feitas em linha germinativa, seriam passadas adiante pelas diversas gerações, entende-se que a longo prazo situações imprevistas poderiam ocorrer. Por esse motivo, Bowman demonstra grande preocupação quanto à regulação que deve envolver esse assunto, já que nos Estados Unidos, por exemplo, é possível obter-se uma permissão para alteração genética com potencial de afetar gerações futuras.

Em razão das questões éticas que envolvem o tema é preciso que cuidados sejam tomados, e que haja regulação precisa estabelecendo limites claros e rígidos quando se trata de edição genética, tanto no âmbito internacional quanto na legislação interna de cada país. A seguir, veremos um experimento chinês que chocou a comunidade científica internacional por haver utilizado a edição genética para a geração de "bebês projetados", levantando questionamentos em torno da fragilidade normativa que envolve o tema, tanto na China quanto ao redor de todo o mundo.

6.1. Os experimentos realizados em embriões humanos

Com a disponibilidade de recentes tecnologias de manipulação genética, os princípios bioéticos ganham renovada relevância, pois toda uma nova gama de possibilidades, advindas da evolução das ciências biomédicas, necessita ser repensada em sua normatização.

Alia-se a isso o fato de o cientista chinês He Jiankui haver realizado a manipulação genética de embriões humanos, aproveitando-se de lacunas normativas e da escassa fiscalização, o que reacendeu discussões bioéticas e legais. A seguir, será discutido o aludido experimento.

6.1.1. O experimento de He Jiankui

No ano de 2018, o cientista chinês He Jiankui, junto com sua equipe, divulgou haver editado o genoma do embrião de duas bebês gêmeas, que nasceram imunes ao vírus HIV. As meninas, as primeiras a terem nascido com o genoma modificado em laboratório, foram mantidas anônimas, razão pela qual receberam os pseudônimos Lulu e Nana.

As pesquisas feitas por essa equipe não foram realizadas de maneira oficial, segundo a Southern University of Science and Technology, instituição a que pertencia Jiankui. Em razão disso, muitas questões éticas foram levantadas e o experimento foi chamado de "roleta-russa genética" por Julian Savulescu, diretor do Oxford Uehiro Centre for Practical Ethics, da Universidade de Oxford (HOLLAND; WANG, 2018).

Muitos cientistas se posicionaram contrariamente a esse tipo de atividade, considerada prematura e ilegal. Isso porque, antes que se proceda a qualquer prática clínica em humanos, deve haver toda uma série de experimentos que considerem as implicações da intervenção a curto, médio e longo prazo, o que não se verificou no caso exposto.

O cientista foi condenado, assim como dois de seus colegas, em dezembro de 2020. A sentença, por "prática médica ilegal", foi de três anos de prisão, somada a uma multa no valor equivalente a R$ 1,7 milhão (um milhão e setecentos mil reais) e à proibição da prática da medicina reprodutiva (FRANCE PRESS, 2019).

O experimento, que desativou o gene CCR5, responsável por permitir a entrada do vírus do HIV na célula, foi combatido por existirem outras formas, mais seguras e com resultados mais previsíveis, de se chegar às mesmas soluções. Como esse gene pode interagir com outros, causando efeitos desconhecidos, não se deveria ter optado pela edição genética em um momento tão prematuro, em que pouco conhecimento existe sobre a técnica aplicada (ANTENOR, 2019).

No entanto, ao lado de questões relacionadas à precisão das técnicas de manipulação genética, é necessário que se estabeleçam limites éticos à prática da edição genética em linha germinativa. Esse assunto será desenvolvido a seguir.

6.1.2. Os limites éticos da manipulação genética em linha germinativa

Não há qualquer dúvida quanto ao fato de Jiankui ter extrapolado limites éticos em sua experiência.

Em primeiro lugar, antes que se realizem experiências com humanos, é necessário que se garanta, o mais eficientemente possível, a segurança da técnica, o que requer muitos outros testes. Enquanto não houver segurança na utilização da CRISPR, ela não pode ser aplicada em humanos, em quaisquer hipóteses (ANTENOR, 2019).

Princípios bioéticos como o da precaução e o da responsabilidade foram claramente violados com esses experimentos. Isso porque a moratória, quer dizer, um período em que se verificam resultados de pesquisas até que se obtenham dados consistentes, antes de que se apliquem as técnicas em embriões humanos, não foi respeitada (ROHREGGER; SGANZERLA; SIMÃO-SILVA, 2020). Por essa razão, as pesquisas de He Jiankui e de sua equipe violaram as leis chinesas e suas atividades foram suspensas três dias após a divulgação do ocorrido. Além dos limites éticos terem sido transpostos, essas mesmas pesquisas deveriam antes ter passado pelo crivo de outros cientistas, o que não ocorreu (ANTENOR, 2019).

Embora o experimento conduzido por Jiankui e sua equipe tenha tido objetivo terapêutico, teme-se pela possibilidade de se executarem práticas similares com o intuito de se alterarem características físicas, cognitivas e mesmo emocionais no ser humano. Nesse seguimento, a comunidade internacional concorda com o fato de que decisões a respeito dos limites a serem impostos à atividade de cientistas não devem ficar em suas mãos, o que leva à necessidade de que os princípios bioéticos sejam suscitados.

No momento atual, há um comitê ético discutindo as questões relacionadas ao fato narrado, cuja formação foi motivada pela realização dos experimentos do chinês e de sua equipe. Nesse contexto, já foi elaborado um primeiro relatório que considerou apenas a parte técnica e científica da CRISPR, concluindo que tal técnica ainda não está pronta para aplicação clínica. Isso se dá em razão de a maioria dos caracteres e funções presentes no organismo humano não serem controlados por um único gene, o que leva à consideração de que modificações em genes pontuais, embora possam ser feitas com facilidade, podem influenciar muitos outros fatores, gerando mudanças indesejadas (MARINHO, 2020).

A comissão, formada por 18 países, publicou um relatório que recomenda que as tecnologias de edição de DNA, já plenamente disponíveis, não sejam utilizadas para editar bebês. Destarte, ainda é preciso que muitas pesquisas sejam realizadas no campo do sequenciamento genético, de forma a entender as relações entre os genes. Isso, por óbvio, demanda tempo, visto que é preciso que se aperfeiçoem as próprias técnicas que envolvem o sequenciamento do genoma; motivo pelo qual se está longe do momento em que embriões humanos poderão sofrer edição genética.

O relatório recomendou a criação de um organismo internacional para aconselhamento e monitoramento do uso da técnica CRISPR, no mesmo sentido do posicionamento de Jennifer Doudna, sua criadora. Esses dados deveriam ser usados para que, até o fim do ano de 2020, conforme o artigo consultado, a Organização Mundial de Saúde (OMS), por seu conselho consultivo, elaborasse suas próprias orientações (BEZERRA, 2020).

Todavia, a comissão vem sendo criticada, dado que é no campo da ética que se situam as maiores preocupações, e até o presente elaborou-se tão somente um relatório voltado a questões técnicas (MARINHO, 2020). Um outro ponto importante a ser levantado quanto à comissão internacional é o fato de que se chegou ao entendimento de que, em determinadas circunstâncias, em algum momento futuro, deve ser legalizada a edição genética. Nesse sentido, abaixo reproduz-se trecho de notícia do periódico *El País*:

> A comissão internacional – formada por delegados da Academia Nacional de Medicina dos EUA, da Academia Nacional de Ciências dos EUA e da Royal Society do Reino Unido – pede "um amplo diálogo social antes que algum país tome uma decisão", mas ao mesmo tempo elabora um "possível roteiro" para o uso dessas técnicas em centros hospitalares. A comissão recomenda que "os usos iniciais das modificações hereditárias do genoma humano, se um país decidir permiti-los", se limitem a tentar evitar doenças raras muito graves originadas por uma única mutação no genoma, como a doença de Tay-Sachs, um transtorno hereditário pelo qual as crianças morrem antes dos quatro anos de idade (ANSEDE, 2020).

Nota-se aí certa mudança de postura, visto que antes a comunidade científica se posicionava contra qualquer modificação no genoma em linha germinativa, em função de todas as consequências que isso poderia vir a acarretar; contudo, ao menos para nós, essa flexibilização parece muito precoce, principalmente porque é o primeiro passo para maiores permissões, que podem mesmo chegar às edições com fins eugênicos.

Se os experimentos de Jiankui eram, inicialmente, abomináveis, e já se cogita a manipulação genética no futuro, não há muita segurança em relação ao que será então permitido. E não se pode ignorar o fato de que as fronteiras que separam as finalidades terapêuticas daquelas voltadas para o melhoramento humano são muito tênues. Nesse sentido, o jurista presidente do Comitê Bioético da Espanha, Federico de Montalvo Jääskeläinen, levanta a questão se uma manipulação com o objetivo de se evitar o nanismo seria terapêutica ou eugênica (ANSEDE, 2020). Questionamentos desse tipo são bastante comuns e é muito fácil justificar serem unicamente práticas terapêuticas, para, de outro lado, com argumentos diversos, inseri-las no rol de práticas eugenistas.

A seguir, serão feitas algumas considerações de ordem regulamentar a respeito da edição genética em geral, e, mais especificamente, no que diz respeito à sua realização aplicada a seres humanos.

6.2. Abordagem normativa e principiológica de experimentos envolvendo a genética humana

Até aqui foram discutidos os benefícios e apresentados alguns dos possíveis riscos que podem advir da manipulação genética. Também foi narrado o episódio do cientista chinês que editou geneticamente o embrião de duas meninas, nascidas com vida. A atenção da comunidade científica atualmente se encontra bastante direcionada às questões éticas que envolvem essa prática, dividindo opiniões.

6.2.1. Regulamentação da técnica

Recentemente, uma espécie de cogumelos teve seu genoma editado por Yinong Yang, patologista de vegetais da Pennsylvania State University, com o uso da técnica CRISPR. A modificação foi feita para que esses cogumelos não se tornem marrons quando cortados, e como essa espécie não é regulada pelo Departamento de Agricultura dos Estados Unidos, enquadrou-se nos cerca de trinta organismos geneticamente modificados a não passarem por seu controle nos últimos cinco anos (WALTZ, 2016).

Como as leis que regulam a biotecnologia não são capazes de acompanhar os rápidos avanços da ciência e da tecnologia, é preciso que a normatização seja elaborada no sentido de abranger esses avanços. Do mesmo modo, os princípios da Bioética precisam ser aplicados mais amplamente, sempre que questões não normatizadas surgirem.

A questão envolvendo os cogumelos levantou muitos debates no meio científico. Essas discussões foram ocasionadas pelo fato de os cogumelos não haverem sido considerados organismos geneticamente modificados (OGMs) devido a um mero não enquadramento nos padrões regulados e por terem sofrido apenas pequenas modificações (JOHNSON, 2016).

O problema em si não são os cogumelos, mas a falta de regulamentação rígida envolvendo a CRISPR, assim como o desprezo aos princípios da Bioética quando se trata de novas aplicações da técnica. No que diz respeito à engenharia genética, há muitas lacunas normativas que permitem que inúmeras práticas sejam desenvolvidas à margem de qualquer regulamentação.

Embora certas intervenções pareçam bastante inofensivas, alguns aspectos não podem ser deixados de lado. Em primeiro lugar, é importante que não se olvide o fato de que intervenções humanas na natureza podem provocar consequências inesperadas, como ocorreu no já mencionado evento com a introdução de coelhos na Austrália. Nas palavras de Patrícia Bianchi (2010, 47):

> Tanto a descrição da sociedade como produto da pós-modernidade quanto a sua caracterização como uma sociedade de risco são temas que mais se complementam do que se excluem. Isto porque, como se verá a seguir, apesar de algumas ressalvas teóricas, a sociedade pós-moderna convive com riscos cujas proporções de realização de catástrofes – sobretudo as de caráter ecológico provenientes das ações humanas – não têm precedentes na história da humanidade.

Fica claro que a banalização de práticas como essa pode resultar na flexibilização precoce de regras relacionadas à edição do genoma humano.

Em 2016, James Clapper, diretor nacional de inteligência dos Estados Unidos, em relatório de ameaças mundiais, levantou a hipótese de a CRISPR ser usada para a criação de armas biológicas. Apesar de a tecnologia CRISPR-Cas9 não haver sido expressamente mencionada no relatório, fica bem clara a referência a ela e a outras técnicas de edição genética avançadas (REGALADO, 2016).

É certo que um uso da manipulação genética deve ser realizado com cautela e sempre com o objetivo de melhorar a qualidade de vida, nunca o contrário. Ainda assim, não se pode descartar a possibilidade de que armas biológicas sejam produzidas, caso essa tecnologia, que tem a característica de ser bastante descomplicada em sua aplicação, requerendo recursos simples e baratos, caia nas mãos de alguém mal intencionado.

Essa preocupação de James Clapper merece menção por haver sido mais um fator de motivação à regulação internacional de tais tecnologias. O Comitê de Aconselhamento em Ciência e Tecnologia sugeriu, inclusive, um direcionamento orçamentário para possíveis emergências (NIILER, 2016).

É bom lembrar que a *Declaração universal sobre o genoma humano e os direitos humanos* afirma que as pesquisas relativas ao genoma humano não podem prevalecer sobre os direitos humanos, e nunca poderão ser contrárias à dignidade da pessoa humana. Também estabelece que os Estados devem promover medidas internamente para a implementação do que está nela disposto (UNESCO, 1997).

Também se deve destacar outro acordo internacional relevante para o tema, qual seja, a *Declaração ibero-latino-americana sobre ética e genética*, de 1996. Esse documento, conhecido como *Declaração de Manzanillo*, constitui uma adesão de países ibero-latino-americanos à *Declaração universal sobre o genoma humano e os direitos humanos* e foi revisada em Buenos Aires, em 1998.

Se, por um lado, há acordos internacionais regulando o assunto, por outro, a falta de força cogente desses documentos causa grande insegurança. A despeito de haverem sido lançados antes de existir a viabilidade técnica para a edição genética em humanos em linha germinativa, de maneira relativamente segura, como a que de que se dispõe atualmente, esses acordos são extremamente importantes, se bem aplicados, devido ao viés principiológico que consigo carregam.

6.2.2. A necessidade de normatização em nível internacional

Há vários cenários negativos que podem envolver a CRISPR, motivo pelo qual se faz necessária uma regulamentação em nível internacional, que deve ser suficientemente precisa de modo a inviabilizar manobras jurídicas que permitam práticas não aconselháveis.

No que tange à edição genética em humanos, a aludida comissão internacional recentemente formada afirma em seu relatório que a proposta de pais modificarem geneticamente seus filhos pode se encaixar em um ideal eugenista e, futuramente, abrir todo um novo campo para o preconceito e para a discriminação social. Por isso, qualquer país que decida interferir no genoma humano para criar indivíduos mais belos ou com melhores qualidades físicas ou psíquicas terá o potencial de influenciar o restante do mundo com essa decisão (ANSEDE, 2020).

Como a manipulação genética já vem sendo praticada em todo o mundo, não há uma regulamentação rígida em nível internacional, até mesmo pelo fato de que sua aplicação em humanos não se mostrava suficientemente segura, motivo pelo qual não vinha sendo realizada. Com as tecnologias atualmente disponíveis, e com os experimentos do chinês He Jiankui e de sua equipe, urge a criação de uma regulamentação suficientemente robusta para a regulação em questão (NIILER, 2016).

Nesse sentido, as penas impostas pela justiça chinesa a He Jiankui, de três anos de prisão, multa e restrições profissionais, foram por muitos consideradas amenas, tendo em vista o grau de gravidade das suas infrações. A sentença foi dada por "busca da fama e ganho pessoal", assim como por "perturbação da ordem médica", o que claramente denota a falta de regulação do assunto. Outros dois cientistas da equipe também sofreram condenações, porém ainda mais brandas (DVORSKY, 2019).

Partindo-se do fato de que a tecnologia já existe e foi utilizada em humanos, a probabilidade de que novamente se recorra a ela, sem que os devidos cuidados éticos sejam tomados, não é remota. Pior ainda, há grandes chances de que seja utilizada com fins de melhoramento humano, que, como já explicitado, sempre foi uma preocupação do ser humano.

O chamado *design* de bebês", até o momento, pelo menos até onde se tem conhecimento, foi realizado de maneira ilícita, e apenas com fins clínicos. Todavia, como se sabe, é comum que mudem as formas como se enxergam determinadas práticas, de tal maneira que, aquilo que é considerado abominável em um determinado tempo, passe a ser perfeitamente plausível em período posterior (ANSEDE, 2020).

Além disso, devido à falta de regulamentação específica, que, inclusive, imponha a análise dos casos concretos à luz dos princípios bioéticos e a fiscalização em nível internacional, não há qualquer certeza de que, em alguma parte do mundo, não se esteja experimentando a CRISPR com objetivos de se ameaçar a espécie humana.

A experiência conduzida por He Jiankui foi a primeira aplicação da CRISPR em embriões humanos viáveis, e, conquanto outras tenham sido feitas em embriões anteriormente, estes não foram editados com intenção de gravidez e nascimento (BELLUZ, 2019). Isso mostra claramente como o uso da técnica vem sendo realizado rapidamente e de forma cada vez mais audaciosa. Por sua vez, a punição recebida pelo cientista chinês mostra a falta de normatização naquele país para atender ao caso citado. É preciso uma regulamentação em nível internacional, que seja ao mesmo tempo abrangente e eficiente, para que os países possam acompanhar internamente essas questões.

Com a quebra de um importante tabu, ao editarem os genes de embriões viáveis para o tratamento de uma doença que possui outros métodos seguros de tratamento, os cientistas chineses podem ter produzido as mais inesperadas consequências. É nesse sentido que se defende a criação de códigos de Bioética em nível interno dos países, inclusive no Brasil. Esses códigos devem positivar o estabelecido nos tratados internacionais, tomando sempre como parâmetro os princípios da Bioética, por terem caráter universal.

Paralelamente à regulamentação em termos legais, David Baltimore afirmou expressamente entender que há uma falha autorregulatória na comunidade científica. Todavia, nem todos os cientistas concordam com isso. Por exemplo, o reitor da Escola de Medicina de Harvard, George Daley, entende que se devem reduzir os debates éticos para que a tecnologia possa avançar. Ele acredita que o simples fato de um experimento haver sido conduzido sem respeito aos limites éticos por si só significa uma falha autorregulatória (BELLUZ, 2019).

Muitos afirmam que o homem está "brincando de Deus". O maior problema é que decisões importantes, que podem comprometer todo o futuro da natureza humana, estão nas mãos de uns poucos cientistas, que muitas vezes fazem suas escolhas com base em questões egoístas, que envolvem interesses mais relacionados com o desenvolvimento de suas pesquisas do que com a ética. Assim, a única postura a ser assumida é a adoção de um grande debate, que leve a uma segura e precisa normatização em nível internacional que tenha o condão de fazer com que os diferentes países assumam compromissos legislativos nesse sentido (ANSEDE, 2020).

Nesse sentido, foi organizado, em 2015, o *International summit on human gene editing*, que reuniu estudiosos de mais de 20 países das mais diversas áreas do conhecimento. O evento, que ocorreu em Washington D.C., teve por objetivo aprofundar as discussões, agrupadas em três eixos temáticos, quais sejam, "os aspectos técnicos e aplicações da edição genética humana; suas implicações éticas, legais e sociais; e mecanismos para sua regulação e governança" (FURTADO, 2019).

Como já afirmado, há acordos internacionais que possuem forte conteúdo principiológico, o que os torna, de certo modo, atemporais. Se esses acordos forem respeitados, assim como debatidos pelos comitês para que possam ser aplicados às questões mais atuais, serão de grande utilidade, especialmente se levarem as nações à produção legislativa atualizada em função de novas tecnologias.

Por essa razão, entende-se pela necessidade de uma regulamentação em nível internacional mais precisa e robusta, que torne coercitiva a aplicação dos princípios bioéticos, sendo, assim, mais condizente com as necessidades contemporâneas, assim como voltada à aplicação dos princípios da Bioética às questões envolvidas.

6.2.3. Normas sobre a manipulação genética no Brasil

Relativamente à nossa regulação interna sobre a manipulação genética, o marco legal brasileiro de biossegurança é considerado pela Lei nº 11.105, de 24 de março de 2005, assim como pelo Decreto nº 5.595, de 24 de novembro de 2005, e por normas infralegais. A mencionada lei veio substituir a Lei 8.974, de 5 de janeiro de 1995, que trazia as "Normas para o uso das técnicas de engenharia genética e liberação no meio ambiente de organismos geneticamente modificados" (BRASIL, 2010, 7).

Muita discussão foi levantada a respeito da soja transgênica antes do nascimento da Lei nº 11.105/2005. Embora, como afirmado, já existisse uma norma legal regulando o tema, foi aprovada a variação da soja transgênica *Roundup Ready*, o que levou a sérias discussões, tanto por parte da sociedade civil quanto por parte do Instituto de Defesa do Consumidor (IDEC), motivado pela inexistência de normas de rotulação dos alimentos transgênicos (LIMA, 2015).

A liberação do plantio e da comercialização dessa soja transgênica teve então seus efeitos suspensos por uma decisão liminar, o que fez com que essas práticas passassem a ser consideradas ilegais. No entanto, apreensões de plantios dessa variação de soja foram sendo realizadas, e, posteriormente, muitos dos processos que delas decorreram foram suspensos. A entrada dos transgênicos no Brasil finalmente se concretizou com a edição da Medida Provisória nº 113, de 26 de março de 2003, que foi convertida na Lei 10.688, de 13 de junho de 2003 (BRASIL, 2003).

A atual *Lei de biossegurança*, Lei nº 11.105/2005, surgiu com o objetivo de abrandar a insegurança jurídica desencadeada por todo esse debate envolvendo a soja geneticamente modificada. Com a reestruturação da Comissão Técnica Nacional de Biossegurança (CTNBio) e a ampliação de sua competência, o propósito de reduzir os questionamentos foi, de certo modo, atingido (LIMA, 2015). Entretanto, o conteúdo do artigo 5º da mencionada lei gerou muita polêmica. Por essa razão, o texto desse dispositivo legal está, a seguir, reproduzido *in verbis*:

Art. 5º: É permitida, para fins de pesquisa e terapia, a utilização de células-tronco embrionárias obtidas de embriões humanos produzidos por fertilização *in vitro* e não utilizados no respectivo procedimento, atendidas as seguintes condições:
I – sejam embriões inviáveis; ou
II – sejam embriões congelados há 3 (três) anos ou mais, na data da publicação desta Lei, ou que, já congelados na data da publicação desta Lei, depois de completarem 3 (três) anos, contados a partir da data de congelamento.
§ 1º Em qualquer caso, é necessário o consentimento dos genitores.
§ 2º Instituições de pesquisa e serviços de saúde que realizem pesquisa ou terapia com células-tronco embrionárias humanas deverão submeter seus projetos à apreciação e aprovação dos respectivos comitês de ética em pesquisa.
§ 3º É vedada a comercialização do material biológico a que se refere este artigo e sua prática implica o crime tipificado no art. 15 da Lei nº 9.434, de 4 de fevereiro de 1997 (BRASIL, 2005).

Como se depreende da leitura do dispositivo, a lei permitiu a pesquisa e terapias com células-tronco embrionárias humanas no país, o que gerou tanta polêmica que culminou com a Procuradoria da República impetrando uma Ação Direta de Inconstitucionalidade (ADI) contra o disposto nesse artigo. Os argumentos utilizados afirmavam que o dispositivo feria os direitos à vida e à dignidade da pessoa humana (BRASIL, 2010, 20). O Supremo Tribunal Federal (STF), todavia, decidiu pela constitucionalidade da norma, a qual se encontra hoje plenamente vigente. As células-tronco humanas poderão ser usadas para pesquisas científicas com fins terapêuticos, na forma estabelecida pelo Ministério da Saúde (BRASIL, 2010, 21).

Nesse sentido, reproduz-se, a seguir, a ementa da decisão da Suprema Corte a respeito da constitucionalidade da *Lei de biossegurança*, por força do julgamento da ADI 3.510-DF:

Constitucional. Ação Direta de Inconstitucionalidade. Lei de biossegurança. Impugnação em bloco do art. 5º da Lei nº 11.105, de 24 de março de 2005 (*Lei de biossegurança*). Pesquisas com células-tronco embrionárias. Inexistência de violação do direito à vida. Constitucionalidade do uso de células-tronco embrionárias em pesquisas científicas para fins terapêuticos. Descaracterização do aborto. Normas constitucionais conformadoras do direito fundamental a uma vida digna, que passa pelo direito à saúde e ao planejamento familiar. Descabimento da utilização da técnica de interpretação conforme para editar a lei de biossegurança. Controles necessários que implicam restrições às pesquisas e terapias por ela visadas. Improcedência total da ação (STF, 2005).

A esse respeito, é bom lembrar a diferença entre ética e moral. A *moral* diz respeito ao comportamento da pessoa que respeita, ou não, seus semelhantes, tornando, assim, seu comportamento *bom* ou *mau*, dentro de um determinado contexto histórico. Podemos, então, perceber que a sociedade atual ressalta sobremaneira as novas possibilidades oferecidas pela tecnologia, incluindo a aplicação das pesquisas com células-tronco embrionárias. Para muitos, não é considerado imoral o posicionamento do STF que considerou improcedente a citada Ação Direta de Inconstitucionalidade.

Contudo, a *ética* é a *reflexão sistemática e crítica* sobre a moral.

Talvez alguns exemplos possam ajudar a entender melhor a diferença entre moral e ética.

No período da colonização, no Brasil, a sociedade aceitava *moralmente* a escravidão dos africanos e dos afrodescendentes. Em outros termos, o fato de haver escravizados não era considerado pela sociedade da época colonial como algo *imoral*. Mas esse comportamento foi *questionado* exatamente pela ética. Será que pode ser considerado como comportamento bom o fato de haver escravizados, de comprá-los e vendê-los como se fossem uma mercadoria? Esta pergunta ética questionou o que uma determinada sociedade aceitava como moral, ou, pelo menos, como não imoral.

Mas a ética não questiona apenas o passado, ou as *outras* culturas. A ética, hoje, questiona, a título de exemplo, a destruição do meio ambiente, o consumismo, o tráfico de armas e de drogas, o sistema capitalista, o sistema coletivista e também o uso indiscriminado da tecnologia.

A esse respeito é interessante analisar as considerações da Maria Helena Diniz sobre esta problemática, inclusive aplicada ao "direito do embrião", assim expressas:

> Na fecundação na proveta, embora seja a fecundação do óvulo, pelo espermatozoide, que inicia a vida, é a nidação do zigoto ou ovo que a garantirá; logo, o nascituro só será, para alguns juristas, "pessoa" quando o ovo fecundado for implantado no útero materno, sob a condição do nascimento com vida. O embrião humano congelado não pode ser tido como nascituro e deve ter proteção jurídica como pessoa virtual, com uma carga genética própria. Embora a vida se inicie com a fecundação, e a vida viável com a gravidez, que se dá com a nidação, entendemos que o início legal da personalidade jurídica é o momento da penetração do espermatozoide no óvulo, mesmo fora do corpo da mulher, pois os direitos da personalidade, como direito à vida, à integridade física e à saúde, independem do nascimento com vida (DINIZ, 2016, 229).

E nesta visão pode-se criticar, do ponto de vista ético, o ponto de vista do STF, que se posicionou sobre a constitucionalidade da *Lei de biossegurança*.

Passando para a questão da engenharia genética em humanos em linha germinal, assim como à clonagem humana, a Lei nº 11.105/2005 a proíbe, definindo como crime a sua prática. Também é considerada criminosa a utilização de embrião humano sem o respeito aos limites previstos na lei. A seguir, são transcritos os dispositivos que tratam do tema.

CAPÍTULO I - Disposições preliminares e gerais
Art. 6º Fica proibido:
III - engenharia genética em célula germinal humana, zigoto humano e embrião humano;
IV - clonagem humana;
CAPÍTULO VIII - Dos crimes e das penas
Art. 24. Utilizar embrião humano em desacordo com o que dispõe o art. 5º desta Lei:

Pena – detenção, de 1 (um) a 3 (três) anos, e multa.
Art. 25. Praticar engenharia genética em célula germinal humana, zigoto humano ou embrião humano:
Pena – reclusão, de 1 (um) a 4 (quatro) anos, e multa.
Art. 26. Realizar clonagem humana:
Pena – reclusão, de 2 (dois) a 5 (cinco) anos, e multa (BRASIL, 2005).

Dessa maneira, dentro do ordenamento pátrio, há a proibição, assim como a criminalização da edição genética em humanos em linha germinativa, como se aduz do dispositivo legal acima transcrito. Isso, entretanto, pode facilmente ser descumprido ou mesmo modificado por alterações legislativas, como ocorreu no caso da soja geneticamente modificada.

Especialmente no caso brasileiro, que não difere muito daquele existente em tantos outros países, o problema não é a falta de normas jurídicas, mas o seu descumprimento, seja por mudanças de interpretação, seja pela criação de novas leis mais adequadas aos interesses vigentes, seja pela simples não observância dos seus dispositivos. E, no caso debatido no presente estudo, aquilo que ocorre no âmbito interno de uma nação afeta diretamente todo o mundo, por atingir a natureza humana.

A professora Maria Helena Diniz, nesse sentido, explica que a Bioética e o Biodireito devem ser inseridos em uma perspectiva humanista, uma vez que andam lado a lado com os direitos humanos. Nesse sentido, o progresso da ciência não pode servir de pretexto para práticas que atinjam, de qualquer forma que seja, princípios éticos e a dignidade da pessoa humana (DINIZ, 2017, 19-20).

Assim, a autora entende que o grande desafio do século XXI se situa na correção dos exageros trazidos pela ciência ao meio ambiente e à humanidade, e isso deve ocorrer por força da aplicação mais incisiva da Bioética e do Biodireito. Para que isso se efetive, é necessário que essas áreas do conhecimento se convertam em disciplinas a serem ministradas nos diversos cursos profissionalizantes, e que seja criado, pelo Congresso Nacional, um Código Nacional de Bioética, para resolver, pelo menos em nível interno, as questões polêmicas relacionadas à biotecnologia (DINIZ, 2017, 1085-1087).

Além da legislação positivada, é importante que os princípios bioéticos sempre sejam levados em consideração na análise ética de qualquer prática que envolva a engenharia genética em humanos.

6.2.4. Abordagem principiológica

Passe-se então ao exame da importância da aplicação dos princípios à manipulação genética.

Toda a discussão acerca do tema suscita dois princípios importantes da Bioética, quais sejam, o da precaução e o da responsabilidade. Enquanto o primeiro afirma que, quando não há evidências claras sobre uma determinada prática, os riscos precisam ser levados em conta, este último exige que qualquer postura que envolva a linha germinativa humana seja adotada de maneira eficiente e responsável (ROHREGGER; SGANZERLA; SIMÃO-SILVA, 2020).

Essa abordagem principiológica tem sua razão de ser no fato de as leis positivadas não possuírem o condão de abranger todos os possíveis desdobramentos que podem advir das intrincadas relações existentes na dinâmica social. Nesse sentido, sabe-se que os princípios vêm ganhando maior importância, assim como grande força normativa, nas constituições contemporâneas, por expressarem valores mais centrados no ser humano (MENZEL, 2018, 17-18).

Todavia, não se deve em qualquer hipótese abandonar as leis escritas. Muito pelo contrário, aqui se defende que as diversas nações adotem posturas legislativas no sentido de tornarem os princípios bioéticos exigíveis em nível interno e de forma bastante específica. O que se afirma é que essas leis devem se basear nos princípios bioéticos durante sua produção, bem como no momento de sua aplicação ao caso concreto, de modo a sempre privilegiar primordialmente a vida, diante de toda inovação científica.

Além disso, o princípio da dignidade da pessoa humana hoje é considerado o epicentro de todo o ordenamento jurídico, devendo ser interpretado à sua luz de todas as normas e demais princípios. Sua amplitude é tão grande que pode ser considerado um direito irrenunciável, no sentido de que nem mesmo seu titular tem a liberdade de dispor dela, como se depreende do célebre caso do arremesso de anão (MENZEL, 2018, 19-20).

E, como já afirmado anteriormente, existem importantes acordos internacionais que possuem uma abordagem dotada de forte conteúdo principiológico. Um exemplo é a já mencionada *Declaração universal de bioética e direitos humanos*, que enumera princípios como dignidade humana e direitos humanos; benefício e dano; autonomia e responsabilidade individual; consentimento, respeito pela vulnerabilidade humana e pela integridade individual; igualdade, justiça e equidade; não discriminação e não estigmatização; respeito pela diversidade cultural e pluralismo; responsabilidade social e saúde, além de outros (UNESCO, 2006).

Também a *Declaração internacional sobre os dados genéticos humanos* traz princípios em seu texto. Dentre eles, encontram-se a não-discriminação e a não-estigmatização; o consentimento; o direito de decidir ser ou não ser informado dos resultados da investigação e o aconselhamento genético (UNESCO, 2003).

Por sua vez, a *Declaração universal sobre o genoma humano e os direitos humanos* preocupa-se com a dignidade da pessoa humana; consentimento informado; não discriminação; confidencialidade, entre outros. Também faz alusão ao princípio da precaução, ao afirmar que "qualquer pesquisa, tratamento ou diagnóstico que afete o genoma de uma pessoa só será realizado após uma avaliação rigorosa dos riscos e benefícios associados a essa ação" (UNESCO, 1997).

Como já afirmado anteriormente, esse último documento estabelece que o genoma humano é base do reconhecimento da dignidade e da diversidade humanas, estabelecendo, em seu artigo 11, que:

> Não é permitida qualquer prática contrária à dignidade humana, como a clonagem reprodutiva de seres humanos. Os Estados e as organizações internacionais pertinentes são convidados a cooperar na identificação dessas práticas e na implementação, em níveis nacional ou internacional, das medidas necessárias para assegurar o respeito aos princípios estabelecidos na presente Declaração (UNESCO, 1997).

Os princípios bioéticos clássicos da autonomia, não maleficência, beneficência, justiça e equidade também precisam ser sempre aplicados às práticas relacionadas com a edição genética em humanos. Todos os princípios aqui mencionados, sempre respeitando o princípio da dignidade da pessoa humana em primeiro lugar, são capazes de traçar os contornos a serem dados à engenharia genética.

Todavia, é preciso que se tenha em mente que os princípios são passíveis de deturpação, seja por sua amplitude, seja pelo fato de poderem ser objeto de interpretações dúbias. Embora hoje a maior parte das opiniões sejam contrárias à edição genética em humanos em linha germinativa, isso pode mudar, como costuma acontecer à medida que a ciência avança e uma técnica se torna mais precisa (BROKOWSKI, 2018).

Partindo-se do fato de que é altamente improvável que um posicionamento único sobre o tema, ou um relatório, possa vir a ser considerado definitivo, qualquer debate deve ser feito com a devida consideração a todos os princípios que permeiam as discussões bioéticas. Além disso, uma vez definidas as implicações possíveis dessas práticas com base nos princípios, deve-se produzir imediatamente sua regulamentação positiva, no sentido de se inibirem as práticas que possam ofendê-los.

Exige-se cuidado especialmente no que tange a um possível uso futuro da manipulação genética em linha germinativa com fins eugênicos, cujos limites, como já afirmado e como será reiterado à frente, não estão muito bem definidos. Isso porque, da análise dos estudos sobre o tema, conclui-se que, se de um lado se entende que a eugenia fere os princípios bioéticos, de outro, pode ajudar a humanidade, no sentido de se erradicarem genes que possam causar enfermidades (SANTOS et al., 2014). Contudo, tomando por base a abordagem principiológica, entende-se haver nessas práticas várias violações.

Em primeiro lugar, há um claro desrespeito à diversidade humana, e o princípio da beneficência afirma que, mesmo que tragam resultados vantajosos para a humanidade, os experimentos não devem ser feitos casuisticamente ou de forma desnecessária (TRIBUNAL INTERNACIONAL DE NUREMBERG,

1947, 2). Essa prática também violaria o princípio da não segregação, visto que os indivíduos gerados com o melhoramento de seu genoma serão considerados superiores aos demais. Países mais pobres, com menos acesso às tecnologias de ponta, seriam aqueles onde predominaria a presença de pessoas sem edição genética, como ocorreu no início do século passado, com o Movimento Eugenista, conforme já afirmado em capítulo anterior. Isso poderia levar a uma nova forma de racismo social, como será visto mais à frente.

Segundo o princípio da autonomia, é crucial que o indivíduo a ser submetido a intervenções seja informado de suas consequências para que possa se manifestar a favor ou contra o procedimento. Quando alguém não pode manifestar sua vontade, deve-se ter o consentimento substitutivo, no qual os juridicamente incapazes terão a decisão tomada por quem os represente (LAPA, 2002, 60).

Aquele indivíduo fruto de edição genética em linha germinativa teria certos caracteres, considerados mais favoráveis, escolhidos por seus genitores, o que, de certo modo, seria um desrespeito à sua autonomia, uma vez que carregaria esses caracteres por toda a sua existência. Isso poderia gerar uma série de consequências, incluindo o direito de ação contra seus pais por haverem escolhido características que o indivíduo não considera benéficas.

Também parece interessante trazer à baila o pensamento do filósofo e sociólogo alemão Jürgen Habermas, que afirmou que, no caso do clone, pode haver uma redução da sua responsabilidade, uma vez que já nasceu com restrições a sua liberdade por não haver planejado a sua existência. Seu genoma teria sido planejado por uma pessoa e isso tornaria quem o planejou responsável pelos seus atos. Nesse sentido, questiona: "Como essa consciência pode ficar imune ao fato de que no *design* do próprio genoma nem o acaso da natureza nem a Providência Divina intervieram, mas sim um *peer*?" (HABERMAS, 2001, 210).

Esse raciocínio pode ser estendido àqueles que tiveram seu genoma modificado por escolha dos seus pais, em que sua autonomia não teria sido devidamente respeitada, dado o fato de suas características serem escolhas feitas por seus genitores; razão pela qual não seriam detentores de plena liberdade. Quanto ao princípio da justiça, uma abordagem mais detalhada será feita no próximo capítulo, que trata mais especificamente das consequências sociais que podem advir do uso da engenharia genética com fins de eugenia, incluindo a possibilidade da criação de uma raça de super-humanos, bem como do surgimento de novas formas de racismo.

CAPÍTULO VII

Indução artificial na melhora da espécie humana e possibilidade de criação de uma raça de "super-humanos"

São muitas as consequências positivas ou negativas que podem advir da edição do genoma humano de maneira impensada. Muitas delas, inclusive, já aqui mencionadas. No entanto, em razão da relevância do tema, será feita uma análise mais detalhada de algumas dessas consequências, para que, por fim, possamos enfatizar os aspectos sociais a ele pertinentes.

7.1. Possíveis efeitos da edição genética em linha germinativa

Consoante o já afirmado, é possível que se prevejam algumas das repercussões plausíveis que podem vir a ocorrer como corolário da disponibilidade técnica de novas ferramentas de engenharia genética. Neste item serão apresentadas algumas delas, a título de provocação para a reflexão, sem qualquer pretensão de esgotamento do tema. Algumas dessas consequências já foram mencionadas anteriormente, mas aqui serão tratadas de forma analítica.

Há muita controvérsia no que tange à edição genética em linha germinativa. Nesse sentido, não há um consenso na comunidade científica, que parece se dividir entre aqueles que consideram serem os benefícios superiores aos riscos, posicionando-se a favor da prática, e aqueles que temem pelas implicações negativas da prática. A seguir, serão mencionados alguns dos possíveis benefícios que o uso das mais avançadas técnicas de engenharia genética pode trazer ao ser humano e ao meio ambiente.

7.1.1. Possíveis benefícios da modificação do DNA humano em linha germinativa

A modificação do genoma em linha germinativa pode ser feita com fins terapêuticos ou de melhoramento. Já foram discutidas questões éticas relacionadas a essas duas finalidades com que a prática pode ser empregada, com maiores e mais incisivas críticas à última. Contudo, no tocante à manipulação do genoma em linha germinativa com intenções clínicas, muitas enfermidades podem ser com ela tratadas e mesmo erradicadas. São muitos os campos da medicina que seriam beneficiados com esses procedimentos, a exemplo da infectologia, da oncologia, da hematologia, da dermatologia etc. (FURTADO, 2019).

Em seu artigo *Brincando de Deus,* a respeito das possibilidades relacionadas ao uso da CRISPR, o biomédico Renato Sabbatini apresenta alguns exemplos do potencial médico e de melhoramento dessa técnica:

> Entre seus inúmeros usos, a tecnologia CRISPR poderá consertar um único gene mutante defeituoso, responsável por uma doença, como na Coreia de Huntington ou anemia falciforme (ou até, no futuro, múltiplos genes, como no diabetes ou Doença de Alzheimer), inserir genes extras para sintetizar mais proteínas que estão em falta (como na síndrome de Rett em meninas), ligar ou desligar determinadas cadeias metabólicas deletérias, e até alterar genes normais em embriões (*designer embryos*), como cor dos olhos, ou modificar a resistência a doenças, produzir linfócitos capazes de aniquilar um câncer, e muito mais. Também poderá ser eventualmente usado para produzir super-humanos (com olhos de águia, por exemplo, ou um QI de 180). As aplicações de CRISPR-Cas estão se multiplicando rapidamente: já em 2016, cientistas curaram um defeito genético que causa a retinite pigmentosa usando a edição CRISPR-Cas9 em células-tronco pluripotentes induzidas, derivadas de um paciente com a doença. O potencial médico, portanto, é gigantesco (SABBATINI, 2018).

Esse tipo de modificação, no entanto, não altera o genoma humano em linha germinativa. Mas, como se depreende do trecho citado, pode tratar muitas patologias e ser capaz de modificar características que não necessariamente estão relacionadas a enfermidades.

Uma outra observação, trazida por Sabbatini (2018), reside no fato de que a aplicação de equipamentos de computação de última geração também aumentou enormemente a capacidade de decodificação do DNA, além de outras ações que dependem de processamento de gigantesca quantidade de dados, a um custo muito baixo. Isso tem o condão de permitir que a inteligência artificial possa trabalhar junto com a engenharia genética, potencializando a precisão desta última.

Quanto às edições genéticas com fins terapêuticos, há quem as entenda não apenas como bem-vindas, mas como verdadeiros "imperativos morais". Isso porque muitos bebês nascem defeituosos, carregando doenças genéticas ao longo de suas vidas, ou mesmo morrendo em função delas. Da mesma forma, doenças crônicas como a diabetes ou o câncer matam um número significativo de pessoas e poderiam ser evitadas ou tratadas com o uso da engenharia genética. Em função disso, a pesquisa e o uso de terapias de edição genética seriam mais uma obrigação moral do que propriamente uma escolha (SAVULESCU et al., 2015).

Sabbatini (2018) usa o termo "medicina de precisão" para tratar do avanço tecnológico que associa as técnicas de edição do genoma com o uso da inteligência artificial e explica que serão passíveis de determinação diversas características fenotípicas, como inteligência, sistema nervoso, cor dos olhos, cabelos, pele etc. Utilizando-se um "gene drive", mesmos os gametas (óvulos e espermatozoides) poderiam ser alterados com o objetivo de se passarem essas características às futuras gerações.

Não obstante os argumentos usados para a não aplicação da técnica estejam hoje principalmente situados em questões bastante relacionadas com a insegurança em relação aos efeitos imprevisíveis que podem acarretar às futuras gerações, há quem entenda serem esses motivos inconsistentes. Isso porque todas as novas tecnologias têm efeitos imprevisíveis para as gerações futuras, e isso inclui até mesmo o uso da internet e de smartphones (SAVULESCU et al., 2015).

Também é bastante defendido que qualquer terapia apresenta, no início do seu desenvolvimento, uma fase circundada por inseguranças quanto a seus efeitos e implicações. Isso não é motivo suficiente para que se deixe de estudá-las e aprimorá-las. No combate a doenças, seria uma total falta de humanidade optar simplesmente por não desenvolver terapias pelos riscos que podem futuramente levar a melhores resultados.

Além disso, o tão criticado experimento do cientista chinês He Jiankui e sua equipe demonstrou, de certa forma, a segurança da técnica, uma vez que as meninas geneticamente modificadas nasceram saudáveis. Com relação às preocupações éticas que envolvem a modificação de certos genes, isso se daria pelo fato de haver outros genes que acabam sendo atingidos, sem terem sido alvo das modificações feitas, podendo causar defeitos e deficiências inesperadas nos indivíduos que nascessem com o genoma alterado. Tal risco jamais poderia ser justificado por quaisquer benefícios que a técnica pudesse trazer para essas pessoas.

No entanto, os defensores da técnica alegam que é possível conduzir pesquisas que envolvam riscos, quando estes forem razoáveis, se comparados aos benefícios que poderão delas advir. Muitos estudos podem ser realizados sem que se violem normas éticas internacionais nem princípios bioéticos de forma significativa.

Assim, estudos com embriões inviáveis poderiam ser conduzidos de maneira a serem feitas pesquisas sem que ninguém seja diretamente atingido. Desse modo, a condução de pesquisas com vistas a expor muitos dos desafios e problemas em torno da edição com a CRISPR seria plenamente viável e segura, não causando riscos nem danos a qualquer pessoa (SAVULESCU et al., 2015). Alguns especialistas afirmam, inclusive, que a humanidade poderá vencer a morte por volta do ano de 2100, enquanto outros afirmam que isso seria possível por volta de 2200. Há mesmo quem entenda que, quem viver de forma saudável até o ano de 2050, poderá enganar a morte. Isso seria possível com o uso da medicina regenerativa, da nanotecnologia e da engenharia genética (HARARI, 2016, 28).

São promessas bastante sedutoras, contudo, se a humanidade está longe de realizar práticas nesse sentido, isso se deve mais a questões éticas do que à falta de tecnologia, a qual se mostra muito avançada e avançando ainda mais com o passar do tempo. É importante lembrar que dificilmente uma nova técnica será vista como algo totalmente seguro em seus primórdios. Por esse motivo, deve-se ter em mente que o aprimoramento da engenharia genética, como ocorre com qualquer outra tecnologia, precisa ser entendido como algo que, se realizado de maneira inteligente e cautelosa, pode beneficiar amplamente a humanidade.

A essa altura, é interessante considerar a reflexão de Hans Jonas (1903-1993) em sua crítica diante de uma certa visão da tecnologia. Filósofo judeu alemão, cuja mãe tinha morrido nas câmaras a gás de Auschwitz, Jonas desenvolveu suas reflexões não só a partir dos tristes acontecimentos das duas guerras mundiais como também, diante dos avanços dos poderes da técnica, do surgimento da sociedade de consumo e da crise ambiental. Em 1979, publicou sua obra *O princípio responsabilidade*, traduzida para o português (JONAS, 2006). Este título aponta para a tese que ele sustentou: a de que é necessário atuar de forma que as ações humanas sejam compatíveis com a permanência de uma vida humana genuína

Hans Jonas acredita que a forma como o homem enxerga o mundo e com ele se relaciona influencia no desencadeamento das tecnologias, pelo motivo de que essa forma de se relacionar com o mundo altera a visão de si próprio e da natureza em si. Para ele, não só a natureza extra-humana foi alterada e desvendada em sua vulnerabilidade, mas o próprio indivíduo teve seu aspecto intra-humano modificado, o que desafiou o pensamento ético, que teve que se preocupar com a mutabilidade da natureza humana (RAMPAZZO; NASCIMENTO, 2019).

Na visão de Hans Jonas, o anseio pela modernidade surgiu com o capitalismo, propriamente dito, com a ampliação geográfica e mental, o surgimento das cidades, a expansão do comércio, a difusão de informações através da invenção da imprensa. Dessa forma, o ser humano destinou cada vez mais recursos para a criação de tecnologia, criando nos indivíduos uma ânsia cada vez maior por ela. Por esse lado, pode-se afirmar que a criogenia foi criada pelo pensamento de poder, de imortalidade forçada, em que mesmo após a morte o ser humano tem a possibilidade de retornar a viver. A ideia utópica de imortalidade, juntamente com a tecnologia e a modernidade, traz à tona métodos teóricos, tais como a criopreservação.

Nesse cenário, Jonas acredita que, com a passagem dos séculos e a modernidade advinda daí, o ser humano passou a questionar as autoridades constituídas, duvidando de tudo aquilo que antes tinha como certo e válido, o que fez crescer sua ânsia por experimentos: tudo pode ser provado, testado, experimentado; uma percepção que o fez crer ser suficientemente livre para recriar sua própria imagem a partir da ausência de uma imagem predefinida, uma das consequências metafísicas da ciência moderna. Por outro lado, da parte dos filósofos, nunca deixaram de existir questionamentos acerca de todas as coisas, desde que o mundo é mundo (RAMPAZZO; NASCIMENTO, 2019).

Para Jonas, existem três formas para a refabricação inventiva do homem: o prolongamento da vida, o controle do comportamento e a manipulação genética. A esse respeito, a tecnologia de prolongamento da vida é considerada a principal pauta do mundo moderno. "A tecnociência oferece a chance de que a vida possa ser escolhida para além dos antigos limites impostos pela natureza", ou seja, através da tecnologia aplicada à genética: "A morte não parece mais ser uma necessidade pertinente à natureza do vivente, mas uma falha orgânica evitável" (JONAS, 2006, 58).

Nesse sentido, Lino Rampazzo e Larissa Nascimento escreveram:

> Ocorre que se, de um lado, desejar não morrer pode significar o gosto pela vida, de outro, também pode expressar os medos humanos frente ao desconhecido representado pela finitude, bem como a desesperança em relação às ofertas religiosas de uma

vida num além pós-morte. Mas, mais que isso, pode representar o sentimento de descompromisso e de irresponsabilidade de um indivíduo para com a manutenção do equilíbrio vital, que depende de um balanço entre morte e procriação (2019, 139).

A finitude tem, portanto, um papel ético que afasta todas essas preocupações: o de impor um limite e fazer o ser humano valorizar sua existência. Nas lições declaradas por Hans Jonas, cita-se que todo ser humano necessita de limite inelutável para aquietar a expectativa da vida e ultrapassar limites indesejáveis. Com os avanços da tecnociência no que tange ao alargamento temporal da vida humana, seja no sentido de aumento da longevidade, seja no de continuidade da vida através de procedimentos artificiais em casos de doenças graves, Hans Jonas se questiona a respeito do real benefício dessa conquista. Poderia essa pretensa bênção se tornar uma maldição? Para Jonas, "a mera perspectiva desse presente já levanta questões que nunca foram postas antes no âmbito da escolha prática" (JONAS, 2006, 59).

Segundo Jelson Oliveira (2013, 27), as promessas utópicas da tecnologia representariam uma ameaça à liberdade do homem: a pretensa correção dessa imperfeição humana através da promessa de imortalidade traria consequências nas opções do ser humano, pois, perfeito, não haveria mais o que escolher. Ou seja, caso suas incorreções e limites fossem superados, nenhuma outra perspectiva de autonomia ou liberdade teria sentido e todas as demais escolhas perderiam qualquer horizonte de preocupações éticas: o que ainda escolher quando se alcançou a eternidade da vida? Qual ainda deve ser a preocupação quando a eternidade é o único horizonte humano? Quais as obrigações, quais os princípios e valores válidos, quais as pressas, as urgências, os sentidos e as efetividades que marcam as escolhas humanas?

A dúvida sobre o sentido da liberdade pode ser também evocada no âmbito do segundo elemento apontado por Jonas como forma de objetificação do homem por parte da técnica: o controle do comportamento. O progresso das ciências biomédicas disponibiliza, na forma de um "poderio técnico" (JONAS, 2006, 59), muito mais concreto que o da possibilidade de cura da morte, a possibilidade de intervenção nos comportamentos, sentimentos e condutas humanas. Jonas apresenta essas possibilidades como exemplos de intervenções para as quais as éticas do passado também não seriam mais suficientes: controle psíquico do comportamento pela via de agentes químicos ou por eletrodos instalados no cérebro com fins "defensáveis" e até "louváveis" (JONAS, 2006, 59) são eventos que não estavam em vista de nenhum sistema ético passado.

Essas questões colocam em xeque a existência da possibilidade de se conciliar os artifícios da *techne* com a ética da responsabilidade.

Pela ótica da humanidade, e de todos os parâmetros mediadores da ética, da moral, da dignidade, e dos diversos outros cenários complexos em que vivemos e somos conduzidos há séculos, a criogenia é uma técnica a que os humanos não estão preparados para enfrentar. E talvez nunca estejam.

Portanto, de acordo com Hans Jonas, a tecnologia deve ser controlada, ou seja, deve existir uma linha – ainda que tênue – entre os avanços tecnológicos e os limites perante a humanidade. Segundo ele, os experimentos tecnológicos e científicos que buscam corrigir o envelhecimento e a morte como um defeito orgânico, e os que tentam encontrar formas de corrigir condutas indesejadas e pretendem controlar geneticamente os homens futuros com a finalidade de corrigir os defeitos de sua própria evolução, ameaçam a liberdade, a autonomia e a responsabilidade do ser humano, sem as quais não se pode falar numa existência ética. "Deve, portanto, prevalecer o poder sobre o poder: o poder ético sobre o poder técnico" (JONAS, 1997, 48).

7.1.2. Os riscos que envolvem a edição genética em linha germinativa

Embora já tenha sido aqui expostas muitas das aplicações consideradas favoráveis relativas à engenharia genética, o tema ainda não foi esgotado, tendo em vista a amplitude quase infinita dos cenários que podem ser construídos a partir da prática genética, quando se fala de manipulação do genoma humano. No entanto, não se deve apreciar tão somente o lado positivo esquecendo-se dos muitos riscos e consequências negativas que circundam essas tecnologias.

Primeiramente, a edição genética em humanos pode ser usada para o mal. Esse uso, que pode ser voluntário ou não, assusta tanto os cientistas quanto o meio jurídico. Por essa razão, a própria criadora da CRISPR, Jennifer A. Doudna, já se pronunciou várias vezes com o intuito de demonstrar os perigos que envolvem a técnica (SABBATINI, 2018).

A despeito do grande potencial terapêutico que possuem, essas tecnologias devem ser usadas com muita cautela. Além disso, é recomendável a suspensão de qualquer experimento que, como o de He Jiankui, vise à edição genética de embriões destinados ao nascimento. Isso porque experimentos em embriões inviáveis, como já afirmado, não trazem riscos reais a indivíduos específicos. É necessário que quaisquer pesquisas se assentem em procedimentos de baixo risco, para que a aplicação em humanos seja baseada em procedimentos de alta confiança e que tenham eficácia minimamente comprovada (FURTADO, 2019).

Desse modo, é importante expor alguns dos principais riscos e possíveis consequências danosas que o uso de técnicas de edição genética em humanos possam trazer.

Primeiramente, deve-se considerar que tecnologias com o potencial da CRISPR precisam ser mantidas nas mãos de cientistas sérios, e apenas praticadas em instituições conceituadas e respeitadas. A razão dessa preocupação reside na sua capacidade de alterar o genoma de qualquer espécie viva, incluindo animais, vegetais e humanos, como já afirmado.

Não é exagero afirmar que uma tecnologia dessa espécie, se cair em mãos de grupos terroristas, poderá levar a consequências com um desfecho desastroso. Antes mesmo de se imaginar a edição do genoma humano, deve-se entender que a CRISPR permite a alteração genética de vírus e bactérias, que podem ser editadas para se tornarem armas biológicas com potencial de exterminar toda a espécie humana.

Os mesmos criadores dessas armas tecnológicas poderiam também tornar a si mesmos e a algumas pessoas imunes à sua contaminação. Além disso, poderiam ser criados bebês "desenhados geneticamente" para se tornarem soldados, como em muitos filmes de ficção científica. Se a imaginação humana foi capaz de conceber essas ideias, se tantas atrocidades já foram cometidas no mundo em nome do dinheiro e do poder, ou mesmo como reflexo da insanidade de uns poucos, não é improvável que possam se concretizar, havendo a disponibilidade técnica para tanto.

Um outro problema também relacionado à edição genética em organismos não humanos é sua introdução na natureza. Essas espécies geneticamente modificadas, portando genes que as tornam resistentes ao ataque de outras espécies ou que as motivam a se tornarem predadoras de pragas, podem sofrer outras mutações genéticas aleatórias no ambiente natural e trazer mudanças inesperadas e perigosas, uma vez que a evolução não deixará de ocorrer. No entanto, a maior preocupação encontra-se na modificação do genoma humano. Com a disponibilidade técnica para procedimentos dessa natureza, há suficientes motivos para apreensão.

O desejo de melhoramento da espécie humana, inerente à sua própria natureza, conforme já amplamente discutido no presente estudo, poderá também levar à construção de bebês geneticamente modificados, que portem os melhores caracteres. Como já explicitado em capítulo anterior, na fertilização *in vitro* isso já é feito legal ou ilegalmente em muitos países.

Do ponto de vista social, não são poucas as repercussões desse tipo de prática. Em primeiro lugar, o aumento repentino da longevidade humana pode causar diversos problemas, como o colapso de todo o sistema previdenciário e o aumento do desemprego. Outro problema é o impacto ambiental que o aumento muito significativo e rápido da expectativa de vida pode trazer. Isso elevaria o consumo, assim como todas as espécies de poluição. Quanto mais vivem as pessoas, mais elas consomem água e oxigênio, que eleva a produção de gás carbônico. Dessa forma, a exploração do planeta como um todo é ampliada com o aumento drástico da expectativa de vida da população.

Mas não são apenas essas as possíveis implicações socioeconômicas que podem advir do uso de avançadas tecnologias de edição genética em células germinativas em seres humanos. Deve-se também considerar que esse tipo de tratamento deverá ser muito caro, pelo menos em um primeiro momento, e, consequentemente, acessível apenas àqueles financeiramente abastados (SABBATINI, 2018), aspecto que será tratado no item a seguir, por ser o mais relevante para nossa discussão e merecer uma análise mais específica.

7.1.3. O problema do acesso aos tratamentos de edição genética

A questão do acesso às técnicas de edição genética em linha germinativa possui especial destaque para nós, motivo pelo qual será tratada com mais ênfase.

De fato, esse problema já existe e não é recente. Sempre que surge um novo tratamento ou procedimento, apenas os mais ricos a ele têm acesso, o que reflete a desigualdade social existente no mundo, principalmente nos países mais pobres. Todavia, isso também agrava as desigualdades, uma vez que aqueles mais ricos se tornam também mais saudáveis, mais inteligentes, mais fortes e mais bonitos do que os que não têm acesso aos mesmos procedimentos.

Um exemplo interessante para que se possa entender a dificuldade de acesso a tratamentos caros é a terapia de CAR T-cells, um tratamento do câncer que combina a terapia gênica com terapia celular e imunoterapia, recentemente aprovada para uso comercial pelo Food and Drug Administration (FDA), agência federal dos Estados Unidos que tem por função controlar alimentos e medicamentos tomando por base as pesquisas a eles relacionados.

Esse tratamento, testado na América Latina, tem um custo de cerca de quatrocentos mil dólares nos Estados Unidos. Porém, vem sendo desenvolvida uma tecnologia mais barata no Brasil, que, ainda assim, custará cerca de cento e cinquenta mil reais, com a necessidade de exames periódicos de reavaliação; um valor muito próximo ao do transplante de medula óssea, que é custeado pelo Sistema Único de Saúde (SUS) (NEVES, 2019). Todavia, não há dúvidas de que a concretização desse direito tanto no país quanto em outros países mais pobres será muito difícil.

No caso específico do Brasil, com o SUS cada vez mais desmantelado, o acesso ao transplante de medula óssea nem sequer é realizado em todas as regiões do país. Enfermos e familiares precisam realizar verdadeiras peregrinações para obter o tratamento, o que nem sempre ocorre. Além disso, a "mercantilização" do sistema de saúde gera dificuldades no que diz respeito ao acesso a esses procedimentos, disponibilizados mais amplamente a quem possui seguros de saúde ou a quem pode por eles pagar. Isso porque há tetos para os gastos com saúde pública, o que inviabiliza que os investimentos necessários sejam feitos de modo a possibilitar o acesso a tratamentos de ponta a todos os cidadãos (CORRÊA, 2019, 73-75).

Esse exemplo demonstra como será difícil assegurar o acesso a todos às tecnologias de edição genética de ponta, como a CRISPR-Cas9. Inicialmente, e esse período pode se estender por décadas, em função de diversos fatores, nem o sistema público de saúde nem mesmo os planos e seguros serão obrigados a cobrir tratamentos dessa espécie, o que trará como consequência a consumação do temido cenário de uma elite mais saudável, com indivíduos mais bonitos, mais adaptados, dotados de maior capacidade cognitiva, em detrimento de uma maioria que não pode se beneficiar dos referidos tratamentos (SABBATINI, 2018).

O pior é que, com base em relatos históricos de enorme preconceito contra aqueles que ostentavam caracteres fenotípicos considerados inferiores, como, por exemplo, as atrocidades cometidas pela Alemanha nazista em nome do aprimoramento da espécie, não é impossível imaginar novas formas de segregação. A história tende a se repetir ciclicamente.

Em razão dessas preocupações, entende-se que é perfeitamente possível a criação de super-humanos por meio da engenharia genética, o que será ponderado a seguir.

7.2. A criação de "super-humanos"

Com base em todo o exposto até aqui, é possível perceber que são muitas as implicações que podem derivar do uso das mais modernas técnicas de engenharia genética. Especialmente no que toca à manipulação do genoma humano, o problema se torna ainda mais inquietante.

Como já posto, as terapias genéticas em células somáticas apresentam menos riscos e controvérsias do que aquelas realizadas em linha germinativa. Isso em razão de não atingirem as futuras gerações, afetando apenas aqueles que se submeteram à aludida terapia.

7.2.1. Crítica à edição genética em linha germinativa com fins eugenistas

Relativamente à edição genética em linha germinativa, e como mencionado anteriormente, ela pode ser realizada com duas finalidades. Assim, a prática da edição genética em linha germinativa pode ter fins terapêuticos, no sentido de buscar a cura de alguma enfermidade a fim de melhorar a saúde do indivíduo tratado. Contudo, por serem realizadas em linha germinal, as mudanças realizadas atingirão as gerações futuras, não se restringindo ao indivíduo que a elas se submetem.

Também pode ser praticada a edição genética para o melhoramento da espécie, ou seja, com objetivos eugênicos, o que nem sempre fica muito claro quando se justifica um determinado procedimento. Já foi citado, por exemplo, o nanismo, no sentido de que um procedimento de edição genética realizado em um embrião a fim de evitá-lo pode tanto se encaixar na categoria de ação terapêutica quanto de melhora da espécie, dependendo dos argumentos apresentados.

Essa discussão realmente se torna ainda mais intensa quando se fala de eugenia, razão pela qual os princípios precisam ser levados em consideração. Não obstante ser a visão geral acerca do melhoramento humano algo de certa forma malvisto, é de se recear o seu renascimento, diante de todas as novas possibilidades trazidas pela engenharia genética, tendo como marco inicial o Projeto Genoma Humano. E isso, de certa maneira, deve-se principalmente ao fato de não haver um consenso acerca dos limites entre uma ação eugenista e outra com outros fins, como, por exemplo, o terapêutico (WILKINSON, 2008).

Assim, a própria tentativa de alguns de estreitar o conceito de eugenia, ou, como a de outros, de ampliá-lo, já demonstra a vulnerabilidade inerente a essa discussão, uma vez que, aquilo que hoje é considerado melhoramento humano, amanhã pode não sê-lo. Nesse sentido, Stephen Wilkinson escreveu (2008, tradução nossa):

> Por exemplo, algumas pessoas afirmam que apenas a eugenia autoritária (forçada pelo Estado) é realmente eugenia e que (a chamada) "eugenia liberal" (baseada nas escolhas livres dos indivíduos) não conta como eugenia; enquanto outros fazem uma distinção dentro da eugenia entre autoritária e liberal. Da mesma forma, algumas pessoas querem dizer que apenas a eugenia positiva (entendida como aprimoramento e/ou incentivo à criação de pessoas com "traços melhores do que o normal") é realmente eugenia e que (a chamada) "eugenia negativa" (que tenta evitar os nascimentos de pessoas com doenças ou traços "subnormais") não conta como eugenia; enquanto outros querem fazer uma distinção dentro da eugenia entre positiva e negativa. Finalmente, algumas pessoas querem que a eugenia seja um termo moral, que tenha o que é errado (ou "fazer errado") embutido, de forma que chamar algo de eugenia é condená-lo, enquanto outros querem que seja um termo mais neutro, que pode se referir não criticamente a ações que são totalmente inocentes, ou mesmo boas[1].

Além disso, o termo "eugenia" muitas vezes nem sequer é mencionado, ainda que o propósito da prática realizada seja

---

[1]. For instance, some people want to say that only authoritarian (state-coerced) eugenics is really eugenics and that (so-called) "liberal eugenics" (based on individuals' free choices) doesn't count as eugenics; whereas others want to make a distinction within eugenics between authoritarian and liberal. Similarly, some people want to say that only positive eugenics (thought of as enhancement and/or encouraging the creation of people with "better than normal traits") is really eugenics and that (so-called) "negative eugenics" (avoiding the births of people with diseases or "subnormal" traits) doesn't count as eugenics; whereas others want to make a distinction within eugenics between positive and negative. Finally, some people want eugenics to be a moral term, to have wrongness (or "wrong makingness") built into it, such that to call something eugenics is to condemn it, while others want it to be a more neutral term that can refer non-critically to actions that are entirely innocent, or even good (WILKINSON, 2008, texto original).

claramente eugenista. A razão de se evitar o uso do termo é a sua conotação pejorativa, muitas vezes associada ao nazismo. Assim, visto que o próprio termo "eugenia" pode ser interpretado de diversas maneiras, e essas interpretações podem ter razões baseadas no senso de moral existente em um contexto particular, torna-se importante que certas discussões bioéticas sejam realizadas, com aplicação dos princípios que informam essa ciência, de modo a se evitar a insegurança trazida pelo excesso de opiniões. Essas discussões devem produzir claros relatórios, de maneira a não serem facilitadas mudanças radicais de pensamento no sentido de se permitirem práticas nitidamente contrárias ao princípio da dignidade da pessoa humana.

Existe hoje um movimento conhecido como "nova eugenia", que surgiu já no século XXI, embora não use esse termo, por seu viés pejorativo. A nova engenharia genética, com todas as suas possibilidades, levou a humanidade a se deparar com a possibilidade de editar o seu próprio genoma, de modo a livrar futuros descendentes de caracteres considerados "indesejáveis", bem como incentivar a perpetuação dos mais favoráveis, ou, até mesmo, introduzir no genoma do indivíduo caracteres antes inexistentes (GUERRA, 2006).

É importante lembrar que a proteção ao patrimônio genético humano está alinhada ao conceito contemporâneo de direito fundamental de quarta geração, ou dimensão, o qual protege a identidade biológica. Como as novas descobertas no âmbito das biotecnologias são um fato que não pode ser negado, uma vez que se incorporam à ciência, deve-se apreciar com cuidado sua aplicação prática, sempre considerando a dignidade da pessoa humana em primeiro lugar (OLIVEIRA, S., 2010, 171).

O maior problema reside no fato de que, como já afirmado, faz parte da natureza humana buscar a sua própria melhora, ou, quando pais, podendo escolher os melhores caracteres para seus filhos, se dispõem a assim fazê-lo. E isso certamente só será acessível àqueles que detiverem maiores recursos econômicos, acarretando o surgimento de ainda mais discriminação social, uma vez que as camadas mais pobres da população se tornariam ainda mais vulneráveis.

Nesse sentido, uma "nova genética" poderia reconfigurar a sociedade de uma maneira sem precedentes, criando uma nova identidade em que elementos históricos, sociais e políticos estariam envolvidos. Especialmente no caso brasileiro, povo altamente miscigenado, mas que jamais abandonou por completo a imagem do padrão branco europeu como ideal, a possibilidade de se alterar o DNA humano poderia causar muitos prejuízos (SANTOS; MAIO, 2004). Isso é possível porque, mesmo que se diga que não existe, no Brasil, uma invisibilidade racial do negro, porque o racismo manifesto é malvisto, não se pode negar a existência de preconceito quando se trata de ideais de beleza, sucesso e inteligência, quase sempre retratados pela mídia por intermédio da representação de pessoas brancas.

Como já visto, a eugenia já esteve relacionada, no Brasil, a várias formas de racismo científico. Foram até mesmo usados termos como "branqueamento" ou "embranquecimento" da população, em que se defendia que, com o passar do tempo, a miscigenação da população levaria à redução dos caracteres dos negros, postura essa claramente discriminatória. A identidade que se defendia sempre esteve relacionada à raça europeia pura, de forma que aqueles que fugissem a esses padrões eram considerados menos ou mais "degenerados", a depender do quanto divergissem do padrão considerado superior (SANTOS; SILVA, 2018, 256-259).

Um ponto que não pode deixar de ser mencionado é o fato de nas décadas de 1960 e 1970 terem sido conduzidos estudos genéticos relacionados com a mistura racial existente no Brasil, em decorrência do desenvolvimento da engenharia genética. Foram realizadas classificações raciais que deram origem ao trabalho intitulado *Retrato molecular do Brasil*, que constatou uma enorme diversidade biológica, o que, de certo modo, pode levar ao entendimento de que não há uma raça pura no país e, ainda que houvesse, esse conceito não seria realmente relevante (SANTOS; MAIO, 2004).

Todavia, reitera-se que, do ponto de vista pragmático, as discriminações e o preconceito racial existem, e é evidente que, havendo a possibilidade de se escolher entre ter filhos mais ou menos propensos a serem socialmente discriminados, é indubitável que os genitores não hesitarão em selecionar os caracteres considerados superiores.

É certo que as discriminações surgidas com a engenharia genética com propósitos eugênicos não se restringem à raça negra, a qual foi citada apenas a título de exemplo de como o preconceito paira na sociedade. Outras características consideradas "degeneradas" serão renegadas em detrimento daquelas julgadas melhores. E isso não se refletirá apenas no fato de as classes mais ricas se tornarem detentoras dos melhores caracteres, mas também no próprio reforço da discriminação dos portadores desses traços, que passarão a ser ainda mais desprezados.

Mesmo que haja vedação legal, caso a fiscalização não seja intensa, será possível que se utilize a técnica no mercado negro, como ocorre com o aborto ilegal no Brasil ou com o tráfico de órgãos no mundo inteiro, razão pela qual o uso da técnica não deve ser banalizado.

Além de todas as qualidades já mencionadas, pode-se imaginar a manipulação de genes responsáveis pela bioquímica cerebral, em busca da felicidade, sendo feita em linha germinativa. O uso da engenharia genética possibilitaria, assim, que pais planejassem filhos mais felizes ou mais obedientes. Como a edição genética pode trazer implicações imprevisíveis, não é impossível imaginar que, após a manipulação de bebês, que ganham genomas mais favoráveis ou menos inconvenientes, esses passem a apresentar mutações negativas, ou mesmo determinantes de condições enfermiças.

O que seria feito? Não se podem destruir humanos, como se faz com produtos industriais defeituosos. Certamente, esses bebês receberiam novos genes, de terceiros, para compensar os defeitos que apresentassem. Seria uma geração de bebês com três ou mais pais e genoma dotado de diversas intervenções.

Outro receio reside na proibição do uso da técnica para a edição de bebês, no âmbito internacional, sem que haja a concordância de todos os países do mundo. Isso acarretaria a sua prática por países que não firmassem o compromisso, criando uma geração de seres humanos superiores aos nativos dos países signatários, que se comprometeram em não editar geneticamente seus bebês, especialmente com fins eugênicos (HARARI, 2016).

Deve-se sempre relembrar que a UNESCO trata o genoma humano como "unidade fundamental de todos os membros da família humana", motivo pelo qual intervenções artificiais só devem ser feitas em último caso. Qualquer manipulação genética em linha germinativa deve ser realizada de forma cautelosa e apenas em casos de extrema necessidade, com fins meramente terapêuticos (UNESCO, 1997).

Todavia, é certo que um dos maiores receios realmente reside na discriminação que poderá decorrer da edição genética feita em apenas algumas pessoas. Nesse contexto, a socióloga e professora do Departamento de Estudos Afro-Americanos da Universidade de Princeton, Ruha Benjamin, que foca seus estudos na equidade correlacionada com a inovação e a tecnologia, no já citado *International Summit on Human Gene Editing*, entende que a edição genética poderia aumentar as já existentes desigualdades (FURTADO, 2019).

O problema é que, como o procedimento já foi realizado uma vez, é possível que o seja novamente. O experimento do cientista chinês He Jiankui com sua equipe, que chocou toda a humanidade, pode ter sido apenas o primeiro passo para outros, ainda mais ousados, especialmente pelo fato de haver obtido um resultado favorável. Desfechos positivos, tão incomuns em primeiros testes, acabam tendo a capacidade de fomentar novos experimentos similares.

Com a ajuda da engenharia genética, e um propósito inicial de "curar", práticas de edição genética podem ir aos poucos tornando-se mais aceitáveis e sua realização ser "normalizada". Pais amorosos e bem-intencionados, assim como financeiramente abastados, podem não medir esforços com o objetivo de gerar filhos mais inteligentes, talentosos, com maior potencial atlético ou acadêmico, mais aptos a sobreviverem em um mundo tão competitivo (HARARI, 2016, 52).

7.2.2. A banalização da CRISPR

O recente documentário chamado *Seleção artificial* (2019, dir. de Joe Egender e Leeor Kaufman) apresentou alguns pontos bastante interessantes sobre engenharia genética, e, assim como outros documentários e textos bastante atuais, trouxe ao conhecimento geral o que muitos acreditavam pertencer apenas à ficção científica. A produção, que até o momento possui quatro episódios, traz explicações a respeito da CRISPR-Cas9, assim como questionamentos éticos que podem decorrer da técnica (KAUFMAN; EGENDER, 2019).

Já no primeiro episódio, denominado *Editando a vida*, Jennifer Doudna, cocriadora da CRISPR, explica de maneira resumida e simplificada o funcionamento da técnica e afirma, ao ser questionada sobre os seus efeitos negativos, que seu uso afetaria toda a evolução humana. Em seguida, afirma também não estar totalmente confortável com a possibilidade de "brincar de Deus".

Por sua vez, o professor Juan Carlos Izpisua Belmonte fala da possiblidade se recriar a capacidade autorregenerativa de peixes-zebra em humanos, por meio da engenharia genética, e utiliza a expressão "reescrever o livro da vida". Ele acredita que todos concordam que se devem curar doenças, mas que nem todos são a favor de aperfeiçoamento de outras qualidades humanas ou da criação de funções no organismo que ainda não existem nem são conhecidas; fala ainda sobre a possibilidade de milionários usarem a técnica para aperfeiçoar seu próprio DNA, de modo a se tornarem portadores de melhores características.

Em seguida, o biofísico Josiah Zayner, que se autointitula *biohacker* e afirma já haver trabalhado na NASA, monta pequenos kits em caixas de papelão e diz que, com esse material, que custaria US$ 140,00 (cento e quarenta dólares), qualquer um pode fazer um experimento com a CRISPR em sua casa (KAUFMAN; EGENDER, 2019).

Kits como esse podem ser encontrados em sítios eletrônicos de compras online, a preços muito acessíveis, para experimentos a serem realizados em casa, com plasmídeos e lentivírus.

O modelo DIY (sigla para *Do it yourself*, que se traduz como "faça você mesmo") pode ser adquirido, por exemplo, na Amazon. com, de maneira totalmente lícita nos Estados Unidos, pelo valor de US$169,00 (cento e sessenta e nove dólares), e traz no campo da apresentação do produto o seguinte texto:

> Quer realmente saber do que se trata toda essa coisa do CRISPR e por que isso pode revolucionar a engenharia genética? Este kit inclui tudo de que você precisa para fazer, em casa, edições precisas do genoma em bactérias, incluindo Cas9, tracrRNA, crRNA e modelo de DNA padrão. Inclui experimento, de exemplo, capaz de fazer uma mutação do genoma (K43T) para o gene rpsL, alterando o 43º aminoácido, uma Lisina (K), para uma Treonina (T), permitindo assim que as bactérias sobrevivam em meios que normalmente impediriam seu crescimento (DIY BACTERIAL, 2017, tradução nossa)[2].

Zayner vem sendo investigado pelas autoridades norte-americanas por haver, no ano de 2017, após ingerir grandes quantidades de bebida alcoólica, feito uma transmissão ao vivo injetando em seu braço o conteúdo de uma seringa, que afirmava ter DNA modificado pela CRISPR. Ele é o CEO da empresa The Odin, que fabrica os kits comercializados na internet. Sua defesa alega que ele não comercializa os produtos para serem aplicados no organismo humano, tendo feito a experiência apenas em si mesmo (ARBULU, 2019).

Diante de tudo isso, fica claro o momento controverso por que passa a humanidade. Se, de um lado, busca-se a cura de enfermidades, assim como a melhora da qualidade de vida para o ser humano, de outro, não podem ser desconsiderados todos os dilemas éticos que certas práticas podem acarretar.

---

2. Want to really know what this whole CRISPR thing is about? Why it could revolutionize genetic engineering? This kit includes everything you need to make precision genome edits in bacteria at home including Cas9, tracrRNA, crRNA and Template DNA template.
Includes example experiment to make a genome mutation (K43T) to the rpsL gene changing the 43rd amino acid, a Lysine (K) to a Threonine (T) thereby allowing the bacteria to survive on media which would normal prevent its growth (DIY BACTERIAL, 2017, texto original).

Se antes esses procedimentos pertenciam exclusivamente ao mundo da ficção, até mesmo pela falta de disponibilidade técnica para sua efetivação, hoje já não é mais assim. Aquilo que estava representado em livros e filmes de ficção mostra-se perfeitamente viável, e, se ainda não está sendo plenamente aplicado, isso se dá por questões éticas, e não por inviabilidade tecnológica.

7.2.3. Alguns casos retirados da ficção científica

Como já afirmado, várias obras de ficção já retrataram possíveis consequências que os avanços científicos poderiam trazer à humanidade. Aqui serão apresentados alguns exemplos de obras que revelam o alcance da imaginação humana, em uma época em que a engenharia genética não dispunha das tecnologias atuais.

Um exemplo interessante é o romance de terror da escritora britânica Mary Shelley, *Frankenstein ou o Prometeu moderno*, publicado em 1818, que muitos consideram a primeira obra de ficção científica do mundo (SHELLEY, 2001).

O personagem, monstro construído a partir da junção de partes de corpos de diferentes cadáveres, representa a natureza humana reduzida a um amontoado de tecidos de material biológico. Além disso, demonstra o desejo do ser humano de substituir a vontade divina e vencer a morte (SILVA; MORENO, 2005).

Dessa forma, Frankenstein pode simbolizar a reinvenção do ser humano pelo próprio ser humano, que domina o conhecimento científico avançado. Seus defeitos são muitos, e o monstro é o resultado da imprecisão técnica de um experimento científico, mas ele possui sentimentos e questiona sua própria existência, como se depreende do excerto a seguir:

> – Não! Não é isso! – interrompeu a criatura. – Admito que minhas ações passadas não estimulam qualquer boa impressão a meu respeito. Mas não procuro quem compartilhe meu infortúnio. Sei que jamais poderei encontrar piedade. Quando, pela primeira vez a busquei, era dos meus sentimentos de solidariedade, dos meus anseios de afeto e compreensão, da minha inclinação para o bem que eu esperava que alguém compartilhasse. Mas agora que a virtude se tornou para mim a sombra, e a feli-

cidade e o afeto se converteram no mais penoso e abominável desespero, onde buscar e de quem esperar simpatia? Contento-me em sofrer sozinho. Sei que, quando morrer, a abominação e o opróbrio pesarão sobre minha memória. Outrora alimentei esperanças de encontrar seres que, perdoando minha forma exterior, me amariam pelas qualidades morais que eu pudesse contrapor a ela. Acalentei-me de elevados pensamentos de honra e devoção. Mas agora o crime me degradou à condição do animal mais vil. Quando relembro a cadeira das minhas iniquidades, não posso crer que sou a mesma criatura cujos pensamentos eram antes repletos de sublimidade e de visões do bem. Mas é justamente assim. O anjo decaído torna-se demônio. Entretanto, mesmo aquele inimigo de Deus e do homem tinha amigos e seguidores. Eu sou sozinho.

"Você, que chama a Frankenstein seu amigo", prosseguiu o monstro, "parece ter conhecimento de meus crimes e infortúnios. Mas às particularidades que lhe forneceu sobre eles não lhe seria possível somar as horas de desalento que padeci. Da mesma forma, jamais encontrei da parte de quem quer que fosse um mínimo de complacência. É justo isso? Devo ser tido como o único criminoso quando todo o gênero humano também errou contra mim?" (...) (SHELLEY, 2001, 203).

No trecho citado, o personagem fala de seus sentimentos, assim como de toda a discriminação que sofreu por ser diferente. O "feio" é simplesmente o diferente daquilo a que a cultura dominante está habituada. Também fala dos crimes que cometeu, em função de tudo aquilo por que passou.

Uma obra de ficção científica de mais de duzentos anos já trazia alguns questionamentos éticos sobre a manipulação artificial da biologia humana. Aquele que foi "criado" pela vontade de um cientista carrega seus próprios pensamentos e ideias, seus sentimentos, suas dores. Além disso, é ele quem sente as consequências do experimento, é ele quem tem de lidar com as escolhas feitas por seu criador. Igualmente, bebês geneticamente modificados terão que passar suas vidas convivendo com caracteres determinados pelas escolhas de seus genitores.

É de bom tom lembrar que certas escolhas já vêm sendo realizadas em algumas clínicas de diferentes países, na seleção de embriões em reprodução assistida, tais como gênero, cor dos olhos, altura, habilidades vocais e atléticas. Essas características podem não ser bem aceitas por esses filhos, que, no futuro podem ainda processar seus pais, como no caso de um transgênero, cujo sexo foi eleito pelos pais (CHA, 2018).

Os indivíduos que nascerem com seus genomas editados, caso apresentem caracteres indesejáveis, não poderão simplesmente ser descartados, como produtos defeituosos. Serão seres humanos como quaisquer outros. Outro problema já aqui mencionado é a questão da responsabilização dessas pessoas, que podem agir impulsionadas por tendências decorrentes dos genes editados, como bem pontuou o filósofo alemão Jürgen Habermas (2001, 210).

No entanto, é possível que se vislumbrem ainda outros problemas. A banalização da engenharia genética pode levar a outras sérias consequências, tais quais experimentos bizarros que levem à criação de seres híbridos a partir de material genético de homens e animais. Nesse sentido, é interessante citar um livro clássico da ficção científica, que deu origem a duas obras cinematográficas, uma produzida em 1977, estrelada por Burt Lancaster, e outra em 1996, estrelada por Marlon Brando e Val Kilmer. A história também povoou quadrinhos, inclusive da Marvel. A referência é ao livro *The island of Dr. Moreau*, cujo título, em português, é traduzido para *A ilha do Dr. Moreau* (WELLS, 2012).

Na obra, Dr. Moreau, um médico excêntrico, vive em função de sua pesquisa, que consiste em transformar animais em humanos utilizando cirurgias, medicamentos, experiências com DNA e hipnose. Devido à ilicitude de sua prática, ele a realiza em uma ilha isolada. Contudo, um sobrevivente de um naufrágio se refugia nessa ilha e se depara com o experimento conduzido pelo Dr. Moreau, junto com seu assistente, Montgomery.

A narrativa é tensa em razão dos conflitos por que passam os componentes dessa sociedade semi-humana, que não são nem homens nem animais. O sutil equilíbrio mantido na ilha é completamente destruído pela revolta desses seres, que passam a recusar respeitar regras culturais humanas e querem voltar a se render a seus instintos primitivos, que continuam carregando consigo (WELLS, 2012).

É bom lembrar que Maria Helena Diniz (2017, 500-501) menciona o risco da produção de quimeras, seres híbridos, com DNA de animais e humanos, inclusive para o desempenho de trabalhos inferiores. Ela também afirma que essas ficções que antes pertenciam à mitologia grega já começaram a emergir no mundo real, especialmente após a produção de um camundongo com orelhas humanas.

Sobre estes riscos se posicionou o documento *Dignitas Personae sobre algumas questões de Bioética*, publicado pela Congregação para a Doutrina da Fé, no dia 8 de setembro de 2008. Na terceira parte deste documento, chamada *Novas propostas terapêuticas que comportam a manipulação do embrião ou do patrimônio genético humano*, veja-se o n. 27:

> Em algumas propostas, manifesta-se uma insatisfação, ou mesmo recusa, do valor do ser humano como criatura e pessoa finita. Para além das dificuldades técnicas de realização, com todos os relativos riscos reais e potenciais, emerge sobretudo o fato de que tais manipulações favorecem uma *mentalidade eugenética* e introduzem um *indireto estigma social* no confronto dos que não possuem particulares dotes, e enfatizam dotes apreciados em determinadas culturas e sociedades que, por si, não constituem o específico humano. Estaria isso em contraste com a verdade fundamental da igualdade entre todos os seres humanos, que se traduz no princípio de justiça, cuja violação acabaria por atentar à convivência pacífica entre os indivíduos. Além disso, *seria para perguntar quem está habilitado a estabelecer quais modificações seriam positivas e quais não*, ou quais deveriam ser os limites dos pedidos individuais de pretenso melhoramento, uma vez que não seria materialmente possível responder aos desejos de cada ser humano. Toda a possível resposta a estes interrogativos derivaria, em todo caso, de critérios arbitrários e opináveis (grifo nosso).

Entre as propostas de manipulação do patrimônio genético humano, o documento *Dignitas Personae* apresenta sua crítica mais especificamente à clonagem humana e às tentativas de hibridação, que utilizam ovócitos animais para a reprogramação de núcleos de células somáticas humanas. Acontece que "tais práticas representam uma ofensa à dignidade do ser humano, pela mistura de elementos genéticos humanos e animais, capazes de alterar a identidade específica do homem" (n. 33).

Ao lado dos já mencionados problemas, devem ser destacados os riscos ambientais. Nesse contexto, uma série de filmes retrata bem, ainda que de forma bastante exagerada, as implicações causadas por intervenções do homem no meio natural. *Jurassic Park*, no Brasil *Jurassic Park: o parque dos dinossauros*, primeiro filme de uma série de aventura e ficção científica dirigida por Steven Spielberg, baseou-se no livro de Michael Crichton, cuja narrativa envolve uma visita a uma reserva biológica em que foram recriados dinossauros utilizando-se códigos genéticos encontrados no sangue de mosquitos que os haviam picado e que logo após foram fossilizados. As lacunas nas sequências de DNA foram preenchidas com genes de répteis, anfíbios e aves, o que gerou uma falha no controle reprodutivo proposto pelos geneticistas que criaram os espécimes de dinossauros (CRICHTON, 1991). A mencionada falha no sistema de reprodução dos animais geneticamente recuperados gerou uma série de catástrofes e mortes, levando a diversos questionamentos sobre a intervenção humana no curso da natureza.

Da mesma forma que no já aludido episódio real da introdução dos coelhos na Austrália, levanta-se a discussão acerca da imprevisibilidade dos resultados da interferência artificial no meio ambiente, devido à fragilidade de seu equilíbrio. Além dos riscos ambientais, dos erros e exageros da engenharia genética, ainda há que se destacar o ponto relativo ao preconceito. Enormes contratempos serão interpostos nos caminhos daqueles que não forem editados geneticamente, os quais, presumivelmente, serão as reais vítimas da discriminação. Isso porque o maior problema reside não na discriminação que irão sofrer os geneticamente modificados, uma vez que, com o refinamento das técnicas, os erros tornar-se-ão cada vez menos frequentes.

Nesse sentido, cita-se a seguir outra obra de ficção científica, mais recente e bastante intrigante. Trata-se do filme

Gattaca, lançado em 1997 sob a direção de Andrew Niccol, e conhecido em português como *Gattaca – a experiência genética*. Nesse filme de ficção científica, que retrata um possível cenário futuro, os bebês têm seu genoma determinado antes do seu nascimento, de modo a possuírem os melhores caracteres possíveis (NICCOL, 1997); o Estado oferece um tratamento chamado "terapia genética humana", a que os pais geralmente recorrem antes de "gerarem" seus filhos. Nesse cenário, o personagem Vincent Freeman, interpretado por Ethan Hawke, foi concebido pelo método tradicional e, consequentemente, nasceu portando vários dos atributos naturais do ser humano, como uma predisposição genética a doenças cardíacas.

A própria forma como sua condição foi diagnosticada no nascimento já o estigmatizaria por toda a sua vida. Ele sonha em ser astronauta, mas é impedido pelo relatório que demonstra as particularidades de seu genoma, considerado inferior.

No decorrer do filme, o personagem luta para realizar seu sonho, demonstrando que suas limitações genéticas não o impedem de ter perseverança, conseguindo, por fim, burlar o sistema e realizar sua viagem espacial. Em um momento do filme, Vincent nada com seu irmão, que é geneticamente planejado, e o vence, demonstrando que possui mais determinação e que nem sempre tudo pode ser planejado por cientistas (NICCOL, 1997).

Gattaca foi escolhido pela NASA como o filme de ficção científica mais plausível de todos os tempos, e retrata um cenário perfeitamente factível na atualidade. De fato, entende-se hoje que a CRISPR está prestes a trazer para a vida real aquilo que parecia completamente inviável no ano de 1997, em que o filme foi lançado (WAYMIRE, 2020).

Toda a discriminação por que passou Vincent Freeman será naturalmente sofrida por aqueles que não forem editados geneticamente, até porque não é provável que se concretize a realidade retratada no filme, na qual todas as pessoas têm acesso às tecnologias igualitariamente, cabendo apenas aos pais decidir se as usarão ou não. É praticamente impossível que isso ocorra na prática, tendo em vista a necessidade que tem o ser humano de se destacar egoisticamente dos demais, utilizando os mais avançados recursos apenas para si e para sua família. Essas alterações ocorrerão mesmo de outra forma, uma vez que os artifícios hoje disponíveis para melhoras estéticas, de saúde e de desempenho, tais como cirurgias plásticas, vitaminas e suplementos para aumento de cognição e otimização de *performance* física e mental, não são acessíveis a todos.

Por fim, cumpre citar um outro filme bastante popular no universo infantojuvenil, que também aborda o tema da discriminação em função da genética. Trata-se do filme *X-Men*, baseado nos quadrinhos de Stan Lee e Jack Kirby, publicados nos Estados Unidos pela Marvel Comics. Os X-Men são mutantes que possuem superpoderes em virtude da presença do "Fator X" na sua carga genética (SINGER, 2000). O filme demonstra a segregação e a discriminação que podem advir da divisão da humanidade em duas sub-raças. Por essa razão, é criada uma academia para treinar os mutantes e, assim, se chegar a uma desejada harmonia entre eles e a raça humana. Todavia, os conflitos são muitos em todas os filmes da série, principalmente pelo fato de os humanos se sentirem ameaçados pelos mutantes que, por sua vez, têm suas próprias preocupações e inclinações, relacionadas com a mutação que carregam (NINIS, 2011, 38).

É nesse sentido que se teme a criação de uma nova forma de racismo, uma vez que a retomada de práticas eugênicas é a consequência lógica do emprego da edição genética para o melhoramento humano, como será abordado a seguir.

7.3. O surgimento de uma nova forma de racismo

As obras de ficção científica anteriormente citadas, envolvendo monstros, seres híbridos, desastres ambientais, superpoderes e discriminação, embora intrigantes, são voltadas ao entretenimento. No entanto, como já afirmado, a humanidade está diante de um enorme dilema, uma vez que já existe tecnologia suficiente para que, mediante a edição genética, possa-se produzir seres humanos dotados de habilidades muito superiores às que naturalmente possuem.

7.3.1. Da ficção ao mundo real

Não há qualquer dúvida quanto ao fato de que, o que antes pertencia apenas à ficção esteja prestes a se concretizar. O próprio astrofísico britânico Stephen William Hawking (1942-2018), popular no mundo inteiro por sua enorme contribuição à ciência, previu a criação, por meio da engenharia genética, de uma raça de super-humanos (SOUSA, 2018).

A nosso ver, isso poderia destruir o restante da humanidade. Conquanto leis devam regular o assunto, o físico sugeriu que aqueles muito ricos certamente se sentirão tentados a aprimorar seu DNA, aumentando sua longevidade, força, memória, inteligência e resistência a enfermidades. Isso causará sérias consequências aos que não tiverem acesso às mesmas tecnologias, que serão considerados inferiores (MARSH, 2018). Para Hawking, a engenharia genética mudará toda a forma como ocorre a evolução da espécie humana, chegando à fase que ele denominou "evolução autodesenhada", na qual o homem passaria a editar seu próprio DNA. Ao mapear o seu genoma, a humanidade teria "lido o livro da vida" e poderia passar a escrever nele, corrigindo suas imperfeições (DOCKRILL, 2018).

Embora pareça uma ideia alarmista, deve-se recordar que os *designer babies*, ou "bebês projetados", já foram arquitetados no controverso experimento do cientista chinês He Jiankui, cuja polêmica se deve ao fato de o cientista e sua equipe terem noticiado o feito. Isso poderia se repetir, ou mesmo já ter ocorrido em outras ocasiões, sem que houvesse divulgação. Por isso, é necessário que haja um controle internacional muito severo, o que atualmente está longe de ocorrer. Não é, nesse contexto, desnecessário repetir que kits CRISPR são vendidos atualmente na internet para qualquer pessoa que os deseje adquirir.

Quando se fez referência ao filme *Gattaca*, ressaltou-se que a edição genética dos bebês era disponibilizada pelo Estado a todos, mas opcional. Todavia, caso seja feita a edição genética em linha germinativa, com fins de melhoramento, na prática, isso não ocorrerá dessa forma. A tirar pelo que ocorre em relação a muitos tratamentos, considerados imprescindíveis, cujo acesso se dá de maneira desigual em toda a sociedade, não é difícil prever o cenário em relação à engenharia genética com fins eugênicos. Enquanto os mais ricos se submeterão à edição genética buscando o aperfeiçoamento de suas funções, assim como projetarão seus filhos para terem os melhores caracteres, a população mais carente não terá acesso a esse tipo de prática (FURTADO, 2019).

Os recursos tecnológicos mais avançados provavelmente serão usados apenas por aqueles que tiverem mais recursos, criando distanciamento ainda maior entre as classes sociais, uma vez que os mais ricos passarão a ostentar maiores capacidades e habilidades, em detrimento daqueles que não têm recursos para arcar com tratamentos de ponta. Os mais pobres estarão ainda mais fadados a permanecer nas categorias em que se encontram, exercendo funções sociais menos privilegiadas (BARBOSA; RAMPAZZO, 2020, 103).

Ainda é possível imaginar que os mais carentes queiram se igualar aos mais abastados, submetendo-se à aplicação da técnica por profissionais pouco capacitados. Esse tipo de situação já ocorre em relação a cirurgias estéticas, muitas vezes malsucedidas, uma vez que realizadas por médicos não especializados ou mesmo por indivíduos que não cursaram medicina. Há também quem, no afã de conquistar o corpo dos sonhos, popularizado pela mídia, porém muito caro, opte por cirurgias clandestinas realizadas por profissionais como cabeleireiros, por exemplo, que injetam substâncias ilegais e incompatíveis com o organismo, como óleo de cozinha, óleo industrial, metacril etc., provocando deformidades no paciente, ou mesmo sua morte (ROSENDO, 2017).

Nesse sentido, não seria de estranhar que a humanidade tomasse um rumo em que duas subespécies passassem a conviver, uma geneticamente editada, dotada de capacidades e beleza superiores, e outra que, por não ter acesso às mais avançadas técnicas de engenharia genética, estaria fadada a exercer os papéis sociais menos desejados.

Outra possibilidade seria a obrigatoriedade da submissão a algumas práticas de edição genética com fins eugênicos, como ocorreu com a esterilização compulsória, no estado da Virgínia, nos Estados Unidos, em 1927. Nesse período, em que o movimento eugenista possuía muita força, mais de 60 mil pessoas tiveram sua esterilização forçada em mais de trinta estados, nesse país. Não foram diferentes as práticas nazistas, que, em nome de uma "raça perfeita", ocasionaram muitas mortes e experimentos controversos (LEWIS, 2015).

Nessa perspectiva, pais seriam obrigados a submeter sua prole a esses tratamentos, ainda que contra sua vontade. E, mesmo que não houvesse a obrigatoriedade, acabariam por fazê-lo, motivados por razões morais. Aqueles que não o fizessem, por motivos filosóficos, ideológicos ou religiosos, teriam filhos dotados de menor capacidade para sobreviver em um mundo altamente competitivo, como no caso do já citado protagonista do filme *Gattaca*.

Independentemente de a CRISPR ou outras tecnologias avançadas de engenharia genética possibilitarem a mudança de caracteres comportamentais, é difícil imaginar, em um mundo em que as pessoas vivem como adversárias, que alguém altere seu DNA, ou o de seus filhos, para que se tornem mais solidários e complacentes. É bem possível que as alterações genéticas visem aumentar a capacidade para competir, em vez de reduzi-las.

Desse modo, é preciso ter muita cautela no que diz respeito à aplicação dessas técnicas em humanos. Isso é o que se conclui da análise das questões éticas que envolvem todas essas práticas. Assim, deve-se recorrer à Bioética, que, com muita propriedade, impõe a necessidade de uma análise à luz dos seus princípios sempre que as ciências biomédicas avançam ao ponto de criar novas possibilidades que tenham o potencial de atingir a dignidade da pessoa humana.

7.3.2. O perigo de uma nova eugenia e a importância da reflexão Bioética no que tange à dignidade da pessoa humana

Nesse sentido, diante de todo o exposto, é preciso lembrar que não apenas os nazistas realizaram práticas com cunho eugenista; trata-se de uma tendência inerente à natureza humana buscar o melhoramento artificial das diversas espécies existentes, e isso não exclui a sua própria, que, pelo contrário, é alvo de ainda maior preocupação.

Importantes relatos de uso de técnicas de engenharia genética em humanos, ou em outros organismos, realizados de maneira precoce ou irresponsável, levantam uma série de questões éticas que, reitera-se, precisam ser analisadas à luz dos princípios da Bioética. Especialmente no que diz respeito à edição genética em humanos em linha germinal e com fins de eugenia, há que se ter em consideração a questão da dignidade da pessoa humana.

O genoma humano deve ser entendido como base da coletividade humana e de sua dignidade. Se o DNA faz parte da dignidade humana, não pode ser editável conforme o desejo de alguns poucos indivíduos. Toda a diversidade genética presente na natureza, assim como a aleatoriedade das divisões celulares, fazem parte da própria essência humana (FURTADO, 2019).

O aprimoramento da raça humana é um desejo inerente à sua própria natureza, que deve ser visto de maneira extremamente cautelosa, tendo em vista os perigos que envolve, como riscos desconhecidos e mesmo a própria descaracterização de toda a espécie. Dado que a manipulação genética de seres humanos traduz-se na manipulação de sua própria dignidade, requer-se limites baseados nos valores éticos. Princípios éticos, como o do bem-estar de todos aqueles que serão afetados pela prática (o que inclui a beneficência e a não maleficência), o da transparência, o do cuidado devido, o da ciência responsável, o do respeito pelas pessoas, o da equidade e o da cooperação internacional, precisam ser considerados e jamais deixados para segundo plano (SGANZERLA; PESSINI, 2020, 535).

7.3.3. Os "super-humanos" e o pós-humanismo

O termo "pós-humanismo" não possui uma única acepção. Ele parte de uma concepção contemporânea segundo a qual aquilo que é considerado humano está ficando obsoleto, de modo que exige algo para substituí-lo; como, por exemplo, a inteligência artificial. No entanto, há quem creia que o ser humano não será substituído por avançadas máquinas, mas sim por uma outra versão do próprio ser humano, mais evoluída. Essa perspectiva se coaduna com as recentes descobertas no âmbito da engenharia genética, bem como com as experiências que vêm sendo realizadas para se superarem as limitações típicas da natureza humana (CUNHA, 2014, 84-85).

Valores relevantes, inclusive os religiosos, que também são entendidos como integrantes da dignidade da pessoa humana, não podem ser simplesmente ignorados. A despeito de posicionamentos que aconselham seu desprezo, o ser humano possui valores que não são unicamente provenientes de seu material genético, mas de sua cultura como um todo, e que não podem ser desmerecidos.

O "pós-humano", portanto, é um conceito transitório para designar o resultado de tantos avanços no campo das ciências biomédicas, e significa "depois do humanismo" (QUARESMA, 2011, 3-4). Trata-se de um conceito bastante perigoso, visto que a descaracterização da natureza humana fere sua dignidade.

Retomando o citado filme *Gattaca*, o personagem Vincent Freeman passa por discriminações por não se adequar ao contexto pós-humano que predomina na trama. Aqueles considerados "filhos da fé" sofrem profundas discriminações sociais e profissionais. Tudo isso por haverem mantido sua natureza humana em um universo em que o "humano" está ultrapassado (QUARESMA, 2011, 85).

O pós-humano aqui abordado pode, inclusive, não vir a constituir um conceito específico. Isso porque, diante de todas as transformações por que a natureza humana pode passar, é possível haver muitas variações. Seres híbridos, com características emanadas pelos genes de animais e plantas, que receberem, ou mesmo seres mesclados com inteligência artificial, poderão surgir sem que haja um paradigma. Os atributos considerados humanos, como dor, emoções, medo, amor, poderão ser completamente descartados de muitos indivíduos, o que tornará difícil inseri-los nessa categoria (FUKUYAMA, 2003, 19).

A raça humana vem evoluindo ao longo de muitos milênios e não há uma característica específica que a defina. Todavia, há valores básicos que identificam o ser humano, e que não podem ser abandonados, sob pena de se perderem praticamente todos os direitos atrelados à dignidade da pessoa humana, conquistados ao longo da história.

A possibilidade da criação de uma nova raça, de super-humanos, é algo que precisa ser considerado em função das implicações sociais que isso pode causar. Entende-se que, para que se possa falar de dignidade da pessoa humana, é necessário que a natureza humana esteja presente, com seus mínimos contornos, e que, caso seja abandonada, será impossível a invocação do indispensável princípio.

Conclusão

Com base no que foi apresentado, depreende-se que as mais recentes descobertas no âmbito da engenharia genética trazem excessivos riscos para a humanidade. Partindo-se da premissa de que o pensamento de cunho eugenista não é recente, tendo permeado diferentes culturas em muitos episódios históricos, não é absurdo acreditar na sua retomada na atualidade, pois é relevante considerar que os ideais de melhoramento da raça humana se fizeram presentes desde o pensamento de filósofos da Antiguidade Clássica, como Platão e Aristóteles.

Todavia, com base no analisado, é possível que se perceba que, em algumas ocasiões, o avanço tecnológico esteve atrelado ao pensamento eugenista, não se podendo olvidar que essa motivação, por vezes, levou a práticas abomináveis, assim como ao fomento do preconceito e da discriminação. Nesse sentido, é de grande relevância a análise dessas tendências com base nos princípios da Bioética, sempre sob o filtro do princípio da dignidade da pessoa humana, que deve ser considerado um supraprincípio.

A importância de uma abordagem principiológica reside tanto no fato de esses princípios estarem presentes em acordos internacionais, os quais têm enorme importância devido ao caráter transnacional da problemática, quanto na capacidade que possuem de fundamentar o raciocínio bioético de forma atual e coerente. Contudo, importa reafirmar que cada nação deve, em nível interno, produzir sua legislação no sentido de tornar esses princípios efetivos. Desse modo, a positivação torna-se necessária para que sejam impostas sanções no caso da violação desses princípios nos casos concretos.

No que tange ao princípio da dignidade da pessoa humana, sua relevância é inquestionável. O peso dado a esse princípio se deve ao fato de ele decorrer da própria essência do ser humano.

Deve-se acrescentar também que a UNESCO entende o genoma humano como patrimônio da humanidade, assim como um direito humano. Isso também inclui a diversidade do DNA, uma vez que a singularidade do genoma é protegida, não permitindo discriminações de quaisquer espécies, como sua consequência.

Não haveria problemas concernentes ao direito humano relativo ao seu genoma se não fossem os avanços por parte da engenharia genética, que vêm se desenvolvendo de maneira vertiginosa, tornando possíveis práticas antes somente presentes em obras de ficção científica.

A respeito do tema é importante que se mencione a técnica CRISPR-Cas9, descoberta em 2012, na qual se copia um mecanismo de defesa de bactérias tornando exequível praticamente qualquer modificação imaginável no DNA de qualquer organismo vivo, inclusive de seres humanos. Desse modo, hoje é possível que se retirem, insiram e modifiquem quaisquer sequências genéticas.

É bom lembrar que essas modificações, quando realizadas em humanos, podem ser feitas em células somáticas ou em linha germinativa, sendo esta última modalidade muito mais perigosa pelo fato de ser repassada às futuras gerações.

Como se trata de uma tecnologia que também pode ser aplicada a animais e plantas, exige-se uma regulação séria no sentido de seu uso indiscriminado poder trazer consequências para a saúde humana, assim como para o meio ambiente. Nessa perspectiva, não se devem esquecer os vários eventos históricos em que a intervenção do homem no curso da natureza provocou uma série de desequilíbrios, atingindo não só o meio como também a própria humanidade em si.

Conclusão

Entretanto, o que mais preocupa é o uso dessa prática em seres humanos, devido a suas possíveis complicações. Em meio a toda a tensão na comunidade científica e jurídica, despontou a notícia de experimentos realizados em embriões humanos destinados ao nascimento, conduzidos pelo cientista chinês He Jiankui e sua equipe. Os embriões foram geneticamente modificados para se tornarem imunes ao vírus da AIDS e destinados ao nascimento. Como resultado, duas meninas nasceram com vida e, em tese, imunes ao vírus. Isso chocou toda a comunidade científica, motivo pelo qual se passou a discutir mais seriamente as implicações da prática, bem como os limites que a ela precisam ser impostos.

Conquanto o cientista chinês tenha sofrido alguma punição, não a consideramos suficientemente severa, o que demonstrou a falta de uma legislação mais rígida para punir um delito de tal gravidade. Além disso, uma outra preocupação foi a de que somente houve uma punição devido ao fato de o cientista ter declarado publicamente a realização do experimento, o que pode levar a crer que outros mais podem estar sendo conduzidos secretamente.

Dessa maneira, é necessário um esforço coletivo, no âmbito da comunidade internacional, a fim de se produzirem normas mais severas, bem como uma fiscalização e um controle maior para coibir a prática.

Do mesmo modo, uma retomada da valorização dos princípios bioéticos também se faz necessária, para que futuras mudanças de posicionamento, com base política ou ideológica, não flexibilizem em demasia práticas perigosas e contrárias à dignidade humana. Outra exigência reside na necessidade de positivação desses princípios no âmbito interno dos países, o que inclui o Brasil.

É de bom tom relembrar que kits CRISPR vêm sendo comercializados em sítios de compra na internet. Esses kits, que podem ser adquiridos por qualquer pessoa nos Estados Unidos, permitem que sejam feitas edições genéticas em bactérias por pessoas comuns, no ambiente doméstico, a título de satisfação da curiosidade, o que demonstra uma clara banalização da engenharia genética.

Da mesma forma que na ficção científica, os efeitos da edição genética de humanos podem ser desastrosos. Erros iniciais são passíveis de ocorrer em função de ser a técnica algo tão recente, mas importa ressaltar que, quando se edita um gene específico, pode-se influenciar a expressão de outros, causando assim um efeito inesperado.

A complexidade do genoma humano ainda não é totalmente dominada pela ciência e, mesmo assim, já se pratica a edição genética de humanos em células somáticas. Assim, não é difícil imaginar indivíduos carregando ao longo de suas vidas defeitos provocados por essas falhas, o que foi já amplamente explorado pela ficção científica e não parece tão distante de tornar-se realidade.

Do mesmo modo, a criação de armas biológicas por terroristas ou mesmo de seres humanos editados geneticamente e dotados de caracteres que os tornem melhores guerreiros é um cenário plausível, tendo em vista a simplicidade da técnica, especialmente para quem não esteja preocupado com os limites éticos de sua utilização.

Um outro problema é o acesso a essas tecnologias. Não há dúvidas quanto ao fato de que, havendo a possibilidade de se editarem geneticamente seus filhos, dotando-os de caracteres mais favoráveis, os genitores não medirão esforços em fazê-lo. Tudo isso poderá fazer com que os mais abastados passem a ostentar melhores habilidades, saúde mais forte, maior capacidade cognitiva e muitas outras características favoráveis que aquelas exibidas pelos mais pobres, gerando um maior distanciamento entre as classes sociais e novas formas de discriminação, bem como fortalecendo as já existentes, em decorrência do fomento à propagação de caracteres considerados "superiores". Pode surgir, assim, uma raça de super-humanos, que dificilmente demonstrará a preocupação de incluir socialmente os indivíduos que não tiveram seu DNA editado.

Outro ponto relevante reside na descaracterização da natureza humana, causada pelo excesso de edições genéticas.

Assim, está nas mãos dos políticos e legisladores de todo o mundo o dever indiscutível de agir com base nos princípios bioéticos. É necessário que, nesse contexto, seja dada especial atenção ao princípio da dignidade da pessoa humana, que, caso não seja respeitado nesse momento, dificilmente poderá sê-lo no futuro, tendo em vista a própria natureza humana correr o risco de ser desconfigurada, dando lugar a um pós-humanismo totalmente desprovido de paradigmas mínimos.

E, para melhor fundamentar tal princípio, foi apresentada a raiz cristã do conceito de pessoa, graças à contribuição das discussões teológicas dos séculos IV e V, que definiram o conceito de pessoa aplicado à Trindade e à cristologia, e, depois, a partir de Santo Agostinho, também ao homem. Essa matriz cristã foi a inspiradora, no início do século XX, da filosofia personalista, destacando-se a reflexão de Emmanuel Mounier, que ressaltou a visão do ser humano na sua totalidade e a sua sublime dignidade.

Referências

AGOSTINHO, Santo. *De Trinitate libri quindecim*. Disponível em: <http://www.augustinus.it/latino/trinita/index2.htm>. Acesso em: 22 out. 2022.

ALFARO, Juan. O Evento Cristo. A cristologia na história dos dogmas. In: FEINER, Johannes; LÖHRER, Magnus (ed.). *Mysterium Salutis. Compêndio de dogmática histórico-salvífica*. Trad. Johannes de Nijs. Petrópolis: Vozes, 1973, v. III/3.

ALMEIDA, Rogério Tabet de. Evolução histórica do conceito de *pessoa* – enquanto categoria ontológica. *Revista Interdisciplinar do Direito – Faculdade de Direito de Valença*, v. 10, n. 1 (2013). Artigo extraído de: _____. Dissertação de Mestrado em Direito. Juiz de Fora: Universidade Presidente Antônio Carlos (UNIPAC), 2013. Disponível em: <https://revistas.faa.edu.br/FDV/article/view/202>. Acesso em: 5 out. 2022.

ALTANER, Berthold; STUIBER, Alfred. *Patrologia. Vida, obras e doutrina dos Padres da Igreja*. Trad. Monjas Beneditinas Santa Maria. São Paulo: Paulinas, 1972.

ANSEDE, Manuel. Comissão abre as portas à modificação genética de bebês para evitar doenças mortais. *El país*, 3 set. 2020. Disponível em: <https://brasil.elpais.com/ciencia/2020-09-03/comissao-abre-as-portas-a-modificacao-genetica-de-bebes-para-evitar-doencas-mortais.html>. Acesso em: 18 set. 2022.

ANTENOR, Samuel. Experimento chinês confronta limites entre ética e ciência. *IPEA*, 11 nov. 2019, última modificação em 16 jun. 2020. Disponível em: <https://www.ipea.gov.br/cts/pt/central-de-conteudo/artigos/artigos/55-experimento-chines-confronta-limites-entre-etica-e-ciencia>. Acesso em: 16 out. 2022.

AQUINO, Santo Tomás de. *Suma Teológica*. Trad. Alexandre Corrêa. Porto Alegre: Escola Superior de Teologia São Lourenço de Brindes, Livraria Sulina Editora; Caxias do Sul: Universidade de Caxias do Sul, ²1980 [5. ed. 2001], v. 1.

ARBULU, Rafael. Biohacker conhecido por injetar CRISPR no próprio corpo está sob investigação. *Canaltech*, 17 maio 2019. Disponível em: <https://canaltech.com.br/saude/biohacker-conhecido-por-injetar-crispr-no-proprio-corpo-esta-sob-investigacao-139465/>. Acesso em: 14 set. 2022.

ARISTÓTELES. *Política*. São Paulo: Martin Claret, 2001. Disponível em: <http://lelivros.love/book/baixar-livro-a-politica-aristoteles-em-pdf-epub-e-mobi/>. Acesso em: 28 set. 2022.

BAIARDI, Daniel Cerqueira. *Conhecimento, evolução e complexidade na filosofia sintética de Herbert Spencer*. Dissertação de Mestrado em Filosofia. São Paulo: USP, 2008. Disponível em: <https://teses.usp.br/teses/disponiveis/8/8133/tde-10022009-125210/publico/DISSERTACAO_DANIEL_CERQUEIRA_BAIARDI.pdf>. Acesso em: 14 set. 2022.

BALTIMORE, David et al. A prudent path forward for genomic engineering and germline gene modification. *Science*, 348, 3 abr. 2015. Disponível em: <https://www.ncbi.nlm.nih.gov/pmc/articles/PMC4394183/>. Acesso em: 13 out. 2022.

BARBOSA, Christiane Vincenzi Moreira; RAMPAZZO, Lino. A nova técnica de engenharia genética CRISPR/Cas9 e sua repercussão ética. Os avanços e desafios de sua aplicação à luz da dignidade da pessoa humana. *Unicesumar*, Marília, v. 20, n. 1 (jan./abr. 2020) 103-117. Disponível em: <https://periodicos.unicesumar.edu.br/index.php/revjuridica/article/view/8421>. Acesso em: 11 out. 2022.

BARRETO, Maíra de Paula. Os direitos humanos e as práticas tradicionais. In: SOUZA, Isaac Costa de; LIDÓRIO, Ronaldo (org.). *A*

Referências

questão indígena, uma luta desigual. Missões, manipulação e sacerdócio acadêmico. Viçosa: Ultimato, 2008.

BARTH, Wilmar Luiz. Engenharia genética e Bioética. *Rev. Trim.*, Porto Alegre, v. 35, n. 149 (set. 2005) 361-391. Disponível em: <https://revistaseletronicas.pucrs.br/index.php/teo/article/view/1694>. Acesso em: 18 set. 2022.

BBC. *O vírus que o governo australiano importou da América do Sul para matar coelhos.* 27 maio 2018. Disponível em: <https://www.bbc.com/portuguese/internacional-44275162>. Acesso em: 28 set. 2022.

BEAUCHAMP, Tom L.; CHILDRESS, James F. *Princípios de ética biomédica.* Trad. Luciana Pudenzi. São Paulo: Loyola, 2002.

BELLUZ, Julia. Is the CRISPR baby controversy the start of a terrifying new chapter in gene editing? A Chinese government investigation found He Jiankui violated state law in pursuit of "personal fame and fortune". *Vox*, 22 jan. 2019. Disponível em: <https://www.vox.com/science-and-health/2018/11/30/18119589/crispr-gene-editing-he-jiankui>. Acesso em: 22 set. 2022.

BEZERRA, Mirthyani. Comissão para edição de DNA em humanos sentencia: ainda não estamos prontos. *UOL*, 17 set. 2020. Disponível em: <https://www.uol.com.br/tilt/noticias/redacao/2020/09/17/comissao-decide-que-ciencia-nao-esta-pronta-para-edicao-de-dna-em-humanos.htm>. Acesso em: 18 out. 2021.

BIANCHI, Patrícia. *Eficácia das normas ambientais.* São Paulo: Saraiva, 2010.

BÍBLIA DE JERUSALÉM. Edição revista. São Paulo: Paulinas, 1985.

BIOÉTICA. In: *DICIO, Dicionário Online de Português.* Porto: 7Graus, 2020. Disponível em: <https://www.dicio.com.br/bioetica/>. Acesso em: 21 set. 2022.

BOSIO, Guido. *Iniziazione ai Padri. La chiesa primitiva.* Torino: SEI, 1963.

_____. *Iniziazione ai Padri. La dottrina della Chiesa.* Torino: SEI, ²1964.

BOWLER, Peter J. *Evolution. The history of an idea.* Londres: University of California Press, ³2003.

BRAMMER, Sandra Patussi. *Variabilidade e diversidade genética vegetal. Requisito fundamental para um programa de melhoramento*. Passo Fundo: Embrapa Trigo, 2002. Disponível em: <http://www.cnpt.embrapa.br/biblio/p_do29.pdf>. Acesso em: 20 set. 2022.

BRASIL. *Decreto-lei nº 2.848, de 7 de dezembro de 1940*. Disponível em: <http://www.planalto.gov.br/ccivil_03/decreto-lei/del2848compilado.htm>. Acesso em: 14 set. 2022.

_____. *Lei nº 10.688, de 13 de junho de 2003*. Disponível em: <http://www.planalto.gov.br/ccivil_03/LEIS/2003/L10.688.htm>. Acesso em: 24 set. 2022.

_____. *Lei nº 11.105, de 24 de março de 2005*. Disponível em: <http://www.planalto.gov.br/ccivil_03/_ato2004-2006/2005/lei/l11105.htm>. Acesso em: 21 out. 2022.

_____. Ministério da Saúde. Organização Pan-Americana da Saúde. *Marco legal brasileiro sobre organismos geneticamente modificados*. Brasília, 2010. Disponível em: <http://bvsms.saude.gov.br/bvs/publicacoes/marco_legal_organismos_geneticamente_modificados.pdf>. Acesso em: 23 set. 2022.

_____. *Lei nº 13.123, de 20 de maio de 2015*. Disponível em: <http://www.planalto.gov.br/ccivil_03/_Ato2015-2018/2015/Lei/L13123.htm>. Acesso em: 27 set. 22022.

BRINK; Johan G.; HASSOULAS, Joannis. The first human heart transplant and further advances in cardiac transplantation at Groote Schuur Hospital and the University of Cape Town. *Cardiovasc J Afr*, v. 20, n. 1 (fev. 2009) 31-35. Disponível em: <https://www.ncbi.nlm.nih.gov/pmc/articles/PMC4200566/>. Acesso em: 21 set. 2022.

BROKOWSKI, Carolyn. Do CRISPR Germline Ethics Statements Cut It? *CRISPR J.*, v. 1, n. 2 (01 abr. 2018) 115-125. Disponível em: <https://www.ncbi.nlm.nih.gov/pmc/articles/PMC6694771/>. Acesso em: 28 set. 2022.

CAFFARRA, Carlo. La persona umana. Aspetti teologici. In: MAZZONI, Aldo (ed.) *A sua immagine e somiglianza?* Roma: Città Nuova Editrice, 1997, 76-90. Disponível em: <http://www.caffarra.it/personau_96.php>. Acesso em: 12 out. 2022.

CAMACHO, Wilsimara Almeida Barreto. *"Infanticídio" indígena. O dilema da travessia*. Curitiba: Appris, 2017.

CAMPANELLA, Tommaso. *Cidade do sol*. Versão para PDF por Marcelo C. Barbão. Ciberfil Literatura Digital. Disponível em: <https://www.netmundi.org/home/wp-content/uploads/2020/11/A-Cidade-do-Sol-de-Tommaso-Campanella-3.pdf>. Acesso em: 30 set. 2022.

CESCON, Everaldo. O conceito funcional de pessoa na Bioética secular. *Veritas*, PUCRS, Porto Alegre, v. 58, n. 1 (jan./abr. 2013) 190-203. Disponível em: <https://revistaseletronicas.pucrs.br/ojs/index.php/veritas/article/view/11535/9033>. Acesso em: 3 out. 2022.

CHA, Ariana Eunjung. From sex selection to surrogates, American IVF clinics provide services outlawed elsewhere. *The Washington Post*, 30 dez. 2018. Disponível em: <https://www.washingtonpost.com/national/health-science/from-sex-selection-to-surrogates-american-ivf-clinics-provide-services-outlawed-elsewhere/2018/12/29/0b596668-03c0-11e9-9122-82e98f91ee6f_story.html>. Acesso em: 8 out. 2022.

CIRINO, Carlos Alberto Marinho. Criminalização de práticas culturais indígenas. O caso Yanomami. *IAI Publications*, 2019. Disponível em: <https://publications.iai.spk-berlin.de/servlets/MCRFileNodeServlet/Document_derivate_00002743/EI_05_313_339.pdf;jsessionid=AD787B17CE933BB809489CCD3A0E00E4>. Acesso em: 26 set. 2022.

CLOTET, Joaquim. *Bioética. Uma aproximação*. Porto Alegre: EdiPUCRS, ²2006.

CONGREGAÇÃO PARA A DOUTRINA DA FÉ. *Donum Vitae. Instrução sobre o respeito à vida humana nascente e a dignidade da procriação. Resposta a algumas questões atuais*. 22 fev. 1987. SEDOC, Petrópolis, v. 19, n. 201 (maio 1987) 1027-1038. Disponível em: <https://www.vatican.va/roman_curia/congregations/cfaith/documents/rc_con_cfaith_doc_19870222_respect-for-human-life_po.html>. Acesso em: 20 set. 2022.

_____. *Instrução Dignitas Personae sobre algumas questões de Bioética*. 8 ago. 2008. Disponível em: <http://www.vatican.va/roman_curia/congregations/cfaith/documents/rc_con_cfaith_

doc_20081208_dignitas-personae_po.html>. Acesso em: 20 set. 2022.

CORRÊA, Máira Pereira de Oliveira. *Transplantes de medula óssea. A efetivação do direito pelo SUS*. Dissertação de Mestrado em Serviço Social. Franca: UNESP, 2019. Disponível em: <https://repositorio.unesp.br/bitstream/handle/11449/183422/Correa_MPO_me_fran.pdf?sequence=3&isAllowed=y>. Acesso em: 4 out. 2022.

COSTA, Thadeu et al. Avaliação de riscos dos organismos geneticamente modificados. *Ciên. Saúde Coletiva*, v. 16, n. 1 (jan. 2011) 327-336. Disponível em: <https://www.scielo.br/j/csc/a/mGrnZZKYGnC9zpzfKXwFpLd/abstract/?lang=pt>. Acesso em: 20 set. 2022.

CRICHTON, Michael. *O parque dos dinossauros*. Trad. Celso Nogueira. São Paulo: Nova Cultural, 1991.

CUNHA, Letícia Alves da. Biopoder e engenharia genética. Reflexões sobre o pós-humano em Gattaca. *Revista Florestan*, São Carlos, ano 1, n. 1 (2014) 84-93. Disponível em: <https://www.revistaflorestan.ufscar.br/index.php/Florestan/article/view/25>. Acesso em: 11 out. 2022.

DAGIOS, Magnus. O imperativo categórico kantiano e a dignidade da pessoa humana. *Revista Opinião Filosófica*, Porto Alegre, v. 8, n. 1 (ago. 2017) 131-144. Disponível em: <https://opiniaofilosofica.org/index.php/opiniaofilosofica/article/view/732>. Acesso em: 5 out. 2022.

DARWIN, Charles. *A origem do homem e a seleção sexual*. Trad. Attílio Cancian e Eduardo Nunes Fonseca. São Paulo: Hemus, 1982.

_____. *A origem das espécies através da seleção natural*. Trad. Ana Afonso. Leça da Palmeira, Portugal: Planeta Vivo, 2009. Disponível em: <http://darwin-online.org.uk/converted/pdf/2009_OriginPortuguese_F2062.7.pdf>. Acesso em: 12 set. 2022.

DECLARAÇÃO Ibero-latino-americana sobre Ética e Genética. Declaração de Manzanillo, de 1996, revisada em Buenos Aires em 1998. Disponível em: <https://revistabioetica.cfm.org.br/index.php/revista_bioetica/article/view/338/406>. Acesso em: 27 set. 2022.

Referências

DENZINGER, H.; SCHÖNMETZER, A. *Enchiridion Symbolorum, definitionum et declarationum de rebus fidei et morum.* Roma: Herder, [35]1973.

DICIO. *Dicionário on-line de português.* Porto: 7Graus, 2020. Disponível em: <https://www.dicio.com.br/>. Acesso em: 10 out. 2022.

DIGNIDADE. In: *DICIO, Dicionário Online de Português.* Porto: 7Graus, 2020. Disponível em: <https://www.dicio.com.br/dignidade/>. Acesso em: 21 set. 2022.

DINIZ, Maria Helena. *Curso de Direito Civil Brasileiro. Teoria geral do direito civil.* São Paulo: Saraiva, [33]2016.

_____. *O estado atual do Biodireito.* São Paulo: Saraiva, [10]2017.

DOCKRILL, Peter. Stephen Hawking warned of future "superhumans" threatening the end of humanity. *Science Alert*, 15 out. 2018. Disponível em: <https://www.sciencealert.com/stephen-hawking-future-superhumans-threaten-end-humanity-genetic-engineering-crispr-evolution-ai-planet>. Acesso em: 10 set. 2022.

DOMENACH, J. M. *Emmanuel Mounier.* Paris: Seuil, 1972.

DUARTE, Antônio José Creão. Evolução biológica. In: GUERRA, Rafael Angel Torquemada (org.). *Ciências biológicas, Cadernos CB Virtual 6*, João Pessoa: Universitária, 2010. Disponível em: <http://portal.virtual.ufpb.br/biologia/novo_site/Biblioteca/Livro_6/1-EVOLUCAO_BIOLOGICA.pdf>. Acesso em: 3 out. 2022.

DVORSKY, George. CRISPR scientist gets three years of jail time for creating gene-edited babies. *Gizmodo*, 30 dez. 2019. Disponível em: <https://gizmodo.com/crispr-scientist-gets-three-years-of-jail-time-for-crea-1840724277>. Acesso em: 21 set. 2022.

FIIRST, Henderson. O mito dos princípios da Bioética e do Biodireito. In: RAMPAZZO, Lino; JIMÉNEZ SERRANO, Pablo; MOTTA, Ivan Martins (coord.). *Direitos Humanos e bioética. Democracia, ética e efetivação dos direitos.* SEMIDI, 3, 21-23 ago. 2014. Lorena: Unisal, 2014. Disponível em: <http://www.lo.unisal.br/direito/semidi2014/publicacoes/livro2/Henderson%20Fiirst.pdf>. Acesso em: 10 out. 2022.

FRANCE PRESS. Cientista chinês que criou bebês geneticamente modificados é condenado a três anos de prisão. *Ciência e Saúde*, 30 dez. 2019. Disponível em: <https://g1.globo.com/ciencia-e-sau-

de/noticia/2019/12/30/cientista-chines-que-criou-bebes-geneticamente-modificados-condenado-a-tres-anos-de-prisao.ghtml>. Acesso em: 16 set. 2022.

FRANCISCO, Papa. *Laudato Si'*. Carta encíclica sobre o cuidado da casa comum, 24 maio 2015. Disponível em: <http://w2.vatican.va/content/francesco/pt/encyclicals/documents/papa-francesco_20150524_enciclica-laudato-si.html>. Acesso em: 20 set. 2022.

_____. *Fratelli Tutti*. Carta encíclica sobre a fraternidade e a amizade social, 3 out. 2020. Disponível em: <https://www.vatican.va/content/francesco/pt/encyclicals/documents/papa-francesco_20201003_enciclica-fratelli-tutti.html>. Acesso em: 20 set. 2022.

FRANGIOTTI, Roque. *História das heresias. Séculos I-VII. Conflitos ideológicos dentro do cristianismo*. São Paulo: Paulus, 1995.

FRANKS, Angela. *Margaret Sanger's Eugenic legacy. The control of female fertility*. North Carolina: McFarland & Company, 2005.

FUKUYAMA, Francis. *Nosso futuro pós-humano. Consequências da revolução da biotecnologia*. Trad. Maria Luiza X. de A. Borges. Rio de Janeiro: Rocco, 2003.

FURTADO, Rafael Nogueira. Edição genética. Riscos e benefícios da modificação do DNA humano. *Revista Bioética*, Brasília, v. 27, n. 2 (abr./jun. 2019) 223-233. Disponível em: <https://www.scielo.br/scielo.php?script=sci_arttext&pid=S1983=80422019000200223-&lang-pt>. Acesso em: 24 set. 2022.

GAJEWSKI, Misha. CRISPR technology has revolutionized field of gene-editing, but should you be concerned? *CTV News*, 16 dez. 2016. Disponível em: <https://www.ctvnews.ca/sci-tech/crispr-technology-has-revolutionized-field-of-gene-editing-but-should-you-be-concerned-1.3206370>. Acesso em: 16 set. 2022.

GALTON, Francis. *Experiments in pangenesis. Proceedings of Royal Society of London*. London: Taylor and Francis, 1871, v. 19. Disponível em: <http://galton.org/essays/1870-1879/galton-1871-roy-soc-pangenesis.pdf>. Acesso em: 16 set. 2022.

_____ (org.). *Restriction in marriage. Sociological papers*. 1906. Disponível em: <http://galton.org/essays/1900-1911/galton-1906-eugenics.pdf>. Acesso em: 1 out. 2022.

Referências

_____. *Herencia y eugenesia*. Trad. R. A. Peález. Madrid: Alianza, 1988.

_____. *Inquiries into human faculty and its development*. Gavan Tredoux, 2001. Disponível em: <http://galton.org/books/human-faculty/text/human-faculty.pdf>. Acesso em: 9 out. 2022.

GARAUDY, R. *Qu'est-ce-que la moral marxiste?* Paris: Sociales, 1963.

GATTIS, Nina. Experimentos com CRISPR vão aprimorar técnica em humanos. Editado por Liliane Nakagawa. *Olhar digital*, 5 fev. 2020. Disponível em: <https://olhardigital.com.br/ciencia-e-espaco/noticia/experimentos-com-crispr-vao-aprimorar-tecnica-em-humanos/96381>. Acesso em: 25 set. 2022.

GOMES, Cirilo Folch. *A doutrina da Trindade Eterna. O significado da expressao "três pessoas"*. Rio de Janeiro: Lumen Christi, 1979.

GONÇALVES, Giulliana Augusta; PAIVA, Raquel de Melo Alves. Terapia gênica. Avanços, desafios e perspectivas. *Einstein*, v. 15, n. 3 (2017) 369-375. Disponível em: <https://www.scielo.br/pdf/eins/v15n3/pt_1679-4508-eins-15-03-0369.pdf>. Acesso em: 21 set. 2022.

GUERRA, Andréa. Do holocausto nazista à nova eugenia no século XXI. *Ciência e Cultura*, v. 58, n. 1 (jan./mar. 2006) 4-5. Disponível em: <http://cienciaecultura.bvs.br/scielo.php?script=sci_arttext&pid=S0009-67252006000100002>. Acesso em: 5 out. 2022.

HABERMAS, Jürgen. *A constelação pós-nacional. Ensaios políticos*. Trad. Márcio Seligmann-Silva. São Paulo: Littera Mundi, 2001.

HARARI, Yuval Noah. *Homo Deus. Uma breve história do amanhã*. Trad. Paulo Geiger. Rio de Janeiro: Companhia das Letras, 2016.

HOBSBAWM, Eric John Ernest. *A era das revoluções. 1789-1848*. Trad. Sieni Maria Campos e Yolanda Steidel de Toledo. São Paulo: Paz e Terra, [5]2010.

HOSS, Geni Maria. Fritz Jahr e o imperativo bioético. *Revista Bioethicos*, Centro Universitário São Camilo, São Paulo, v. 7, n. 1 (2013) 84-86. Disponível em: <http://www.saocamilo-sp.br/pdf/bioethikos/99/a10.pdf>. Acesso em: 16 set. 2022.

HOLLAND, Oscar; WANG, Serenitie. Chinese scientist claims world's first gene-edited babies, amid denial from hospital and international outcry. *CNN*, 27 nov. 2018. Disponível em: <https://edition.

cnn.com/2018/11/26/health/china-crispr-gene-editing-twin-babies-first-intl/index.html>. Acesso em: 19 set. 2022.

JOHNSON, Nathanael. What's a GMO? Apparently not these magic mushrooms. *Grist*, 27 abr. 2016. Disponível em: <https://grist.org/food/whats-a-gmo-apparently-not-these-magic-mushrooms/>. Acesso em: 22 set. 2022.

JONAS, Hans. *Técnica, medicina y ética. La práctica del principio de responsabilidad*. Trad. Carlos Fortea Gil. Barcelona: Paidós, 1997.

_____. *O princípio responsabilidade. Ensaio de uma ética para a civilização tecnológica*. Trad. Marijane Lisboa, Luiz Barros Montez. Rio de Janeiro: Contraponto/PUCRio, 2006.

KANT, Immanuel. *Fundamentação da metafísica dos costumes*. Trad. Paulo Quintela. Lisboa: 70, 2007.

KAUFMAN, Leeor; EGENDER, Joe (dir.). Editando a vida. In: _____. *Seleção artificial*. Netflix, 2019. 70 min. Acesso em: 6 out. 2022.

KEHL, Renato. *Lições de eugenia*. Rio de Janeiro: Francisco Alves, 1929.

_____. *Educação moral*. Rio de Janeiro: Francisco Alves, 1937.

KLUG, William et al. *Conceitos de genética*. Trad. Maria Regina Borges-Osório e Rivo Fisher. Porto Alegre: Artmed, ^{9}2010.

LANIGAN, Thomas M.; KOPERA, Huira C.; SAUNDERS, Thomas L. Principles of genetic engineering. *Genes*, v. 11, n. 3 (2020) 291. Disponível em: <https://pubmed.ncbi.nlm.nih.gov/32164255/>. Acesso em: 18 set. 2022.

LANPHIER, Edward et al. Don't edit the human germ line. *Nature*, v. 519, n. 7544 (mar. 2015) 410-411. Disponível em: <https://www.nature.com/news/don-t-edit-the-human-germ-line-1.17111>. Acesso em: 10 out. 2022.

LAPA, Fernanda Brandão. *Bioética e Biodireito. Um estudo sobre a manipulação do genoma humano*. Dissertação de Mestrado em Direito. Florianópolis: UFSC, 2002. Disponível em: <https://repositorio.ufsc.br/xmlui/bitstream/handle/123456789/82656/190253.pdf?sequence=1&isAllowed=y>. Acesso em: 29 set. 2022.

LEWIS, Tanya. The major concern about a powerful new gene-editing technique that most people don't want to talk about. *Business In-*

sider, 2 dez. 2015. Disponível em: <https://www.businessinsider.com/gene-editing-history-of-eugenics-2015-12>. Acesso em: 11 set. 2022.

LIMA, Rafaela Pontes. 10 anos da Lei de Biossegurança. Poucos motivos para comemorar. *Terra de direitos*, 4 maio 2015. Disponível em: <https://terradedireitos.org.br/acervo/artigos/10-anos-da-lei-da-biosseguranca-poucos-motivos-para-comemorar/17568>. Acesso em: 24 set. 2022.

LOPES, José Agostinho. Bioética. Uma breve história. De Nuremberg (1947) a Belmont (1979). *Revista Médica de Minas Gerais*, v. 24, n. 2 (2014) 262-272. Disponível em: <http://rmmg.org/artigo/detalhes/1608>. Acesso em: 20 set. 2022.

LORENZON, Alino. Um itinerário de vida. Mounier. Entre a: contemplação e a ação. *Revista filosófica brasileira*, Rio de Janeiro: UFRJ, v. 5, n. 1 (jun. 1992) 137-141.

LORSCHEIDER, Aloísio. A religiosidade no limiar do 3º milênio. *Fragmentos de Cultura*, Goiânia, ano 6, n. 17 (maio 1996) 7-15.

LUPPI, Sheila Cristina Alves de Lima. A eugenia e o projeto de aperfeiçoamento do povo brasileiro. 1900-1933. *ANPUH, XXV Simpósio nacional de história*, Fortaleza, 2009. Disponível em: <https://anpuh.org.br/uploads/anais-simposios/pdf/2019-01/1548772004_0b-398079f34cbff978453633d8dbc159.pdf>. Acesso em: 6 out. 2022.

LUZ, Ana Carolina de Oliveira. *Análise estrutural genômica do sistema CRISPR/CAS em isolados clínicos brasileiros de Pseudomonas aeruginosa*. Tese de Doutorado em Genética. Recife: UFPE, 2019. Disponível em: <https://repositorio.ufpe.br/bitstream/123456789/34170/1/TESE%20Ana%20Carolina%20de%20Oliveira%20Luz.pdf>. Acesso em: 21 set. 2022.

MACHADO, Isis Laynne de Oliveira. *Princípio da dignidade humana à luz da Declaração universal sobre bioética e direitos humanos e da Constituição Brasileira. Estudo de caso. Acesso a medicamentos não autorizados no país*. Dissertação de Mestrado em Bioética. Brasília: UNB, 2017. Disponível em: <https://repositorio.unb.br/bitstream/10482/31413/1/2017_IsisLaynnedeOliveiraMachado.pdf>. Acesso em: 7 out. 2022.

MARINHO, Julia. Quando teremos embriões humanos com genes editados? *Tecmundo*, 7 set. 2020. Disponível em: <https://www.tecmundo.com.br/ciencia/177466-teremos-embrioes-humanos-genes-editados.htm>. Acesso em: 18 set. 2022.

MARITAIN, Jacques. *A filosofia moral*. Trad. Alceu Amoroso Lima. Rio de Janeiro: Agir, ²1973.

MARSH, Sarah. Essays reveal Stephen Hawking predicted race of "superhumans". Physicist said genetic editing may create species that could destroy rest of humanity. *The Guardian*, 14 out. 2018. Disponível em: <https://www.theguardian.com/science/2018/oct/14/stephen-hawking-predicted-new-race-of-superhumans-essays-reveal>. Acesso em: 10 set. 2022.

MARTINS, Guilherme d'Oliveira. Prefácio. In: COQ, Guy. *Mounier. O engajamento político*. Aparecida: Ideias & Letras, 2012, 7-11.

MELO, Evandro Arlindo de; SANCHES, Mário Antônio; GARCÍA, María del Carmen Massé. A Bioética teológica e a sua pertinência no debate social atual. *Rev. Pistis Praxis, Teol. Pastor.*, Curitiba, v. 10, n. 2 (maio/ago. 2018) 375-393. Disponível em: <https://periodicos.pucpr.br/index.php/pistispraxis/article/view/23848/22901>. Acesso em: 16 set. 2022.

MENZEL, Francisca Reis da Silva Barros. *Manipulação genética e dignidade da pessoa humana*. Dissertação de Mestrado em Ciências Jurídicas. Lisboa, Portugal: Universidade Autônoma de Lisboa, 2018. Disponível em: <https://repositorio.ual.pt/bitstream/11144/4030/1/DISSERTA%C3%87%C3%83O%20%20genoma%20final%2021_03_2018-2%20corrigida%20ultima%20vers%-C3%A3o%20COM%20A%20CAPA%20nova%20para%20imprimir.pdf>. Acesso em: 18 set. 2022.

MIGLANI, Gurbachan. *Genetic engineering principles, procedures and consequences*. Punjab Agricultural University, 2016. Disponível em: <https://www.researchgate.net/publication/288828190_Genetic_Engineering_Principles_Procedures_and_Consequences/link/5684de4e08aebccc4e10dc4a/download>. Acesso em: 18 set. 2022.

MILANO, Andrea. Trinità. In: BARBAGLIO, Giuseppe; DIANICH, Severino (org.). *Nuovo dizionario di teologia*. Milano: Paoline, ⁴1985, 1782-1808.

Referências

MONDIN, Battista. *O homem. Quem é ele? Elementos de antropologia filosófica*. Trad. L. Leal Ferreira e M. A. S. Ferrari. São Paulo: Paulus, ¹¹2003a.

_____. *Curso de filosofia*. Trad. Benôni Lemos. São Paulo: Paulus, ¹¹2003b, v. 1.

MOREIRA, Virgínia. Da máscara à pessoa. A concepção trágica do homem. *Revista de ciências sociais*, Fortaleza, v. 25, n. 1-2 (1994) 21-31. Disponível em: <https://repositorio.ufc.br/handle/riufc/6668>. Acesso em: 15 set. 2022.

MOUNIER, Emmanuel. *Le personnalisme*. Paris: Les Presses universitaires de France, ⁷1961 [1. ed. 1949].

_____. *Ocuvres*. Paris: Scuil, 1962, v. IV.

NEVES, Úrsula. Tratamento de câncer em teste utiliza células do próprio paciente. *Pebmed*, 21 nov. 2019. Disponível em: <https://pebmed.com.br/tratamento-de-cancer-em-teste-utiliza-celulas-do-proprio-paciente/>. Acesso em: 4 out. 2022.

NICCOL, Andrew (dir.) *Gattaca*. Produzido por Danny DeVito, Michael Shamberg e Stacey Sher. 106 min. Estados Unidos: Columbia Pictures, 1997.

NIILER, Eric. CRISPR could turn viruses into unstoppable bio weapons. *Seeker*, 22 nov. 2016. Disponível em: <https://www.seeker.com/could-crispr-gene-editing-produce-a-biological-weapon-2104864761.html>. Acesso em: 21 set. 2022.

NINIS, Alessandra Bortonis. *Complexidade, manipulação genética e biocapitalismo. Compreensão das interações da engenharia genética na sociedade de risco*. Tese de Doutorado em Desenvolvimento Sustentável. Brasília: UNB, 2011. Disponível em: <https://repositorio.unb.br/bitstream/10482/9445/1/2011_AlessandraBortoniNinis.pdf>. Acesso em: 19 set. 2022.

NOVELLI TU, Natan. Como estas redes de *fast-food* tratam frangos. *Nexo*, 31 jan. 2020. Disponível em: <https://www.nexojornal.com.br/expresso/2020/01/31/Como-estas-redes-de-fast-food-tratam-frangos>. Acesso em: 24 set. 2022.

OLIVEIRA, Jelson Roberto de. O homem como objeto da técnica segundo Hans Jonas. O desafio da biotécnica. *Problemata Inter-*

national *Journal of Philosophy*, João Pessoa: UFPB, v. 4, n. 2 (set./nov. 2013) 13-38. Disponível em: <https://periodicos.ufpb.br/ojs/index.php/problemata/article/view/16966>. Acesso em: 15 set. 2022.

OLIVEIRA, Reinaldo Ayer. Bioética. *Revista Brasileira de Psicanálise*, São Paulo, v. 46, n. 1 (2012) 105-117. Disponível em: <http://www.bioetica.org.br/library/modulos/varias_bioeticas/arquivos/Bioetica.pdf>. Acesso em: 21 set. 2022.

OLIVEIRA, Samuel Antonio Merbach de. *A era dos direitos em Norberto Bobbio. Fases e gerações*. Tese de Doutorado em Filosofia. São Paulo: PUC-SP, 2010. Disponível em: <https://tede2.pucsp.br/handle/handle/11843>. Acesso em: 5 out. 2022.

OLIVEIRA, Simone Born de. *Manipulação genética e dignidade humana. Da Bioética ao direito*. Dissertação de Mestrado em Direito. Florianópolis: UFSC, 2001. Disponível em: <https://repositorio.ufsc.br/xmlui/bitstream/handle/123456789/79645/179234.pdf?sequence=1&isAllowed=y>. Acesso em: 6 out. 2022.

OLIVEIRA FILHO, Enio Walcácer de. Reflexões sobre os Organismos Geneticamente Modificados (OGMs) e o princípio da precaução no Biodireito. *Revista Vertentes do Direito*, UFT, v. 1, n. 1 (2014). Disponível em: <https://sistemas.uft.edu.br/periodicos/index.php/direito/article/view/814>. Acesso em: 17 set. 2022.

ONU. Declaração Universal dos Direitos Humanos. *Nações Unidas*, 20 dez. 1948. Disponível em: <https://www.unicef.org/brazil/declaracao-universal-dos-direitos-humanos>. Acesso em: 20 set. 2022.

PALMA, Rodrigo de Freitas. O direito espartano. *Unieuro*, 2006. Disponível em: <http://www.unieuro.edu.br/sitenovo/revistas/downloads/consilium_02_03.pdf>. Acesso em: 20 out. 2022.

PARTLAN, Paul Mc. Persona. In: LACOSTE, Jean-Yves (org.). *Dizionario critico di teologia*. Roma: Borla/Città Nuova, 2005, 1031-1035.

PEDONOMIA. In: *DICIO, Dicionário Online de Português*. Porto: 7Graus, 2020. Disponível em: <https://www.dicio.com.br/pedonomia/>. Acesso em: 12 set. 2022.

PESSINI, Leo. As origens da Bioética. Do credo bioético de Potter ao imperativo bioético de Fritz Jahr. *Scielo, Rev. Bioet.*, v. 21, n. 1

(2013) 9-19. Disponível em: <https://www.scielo.br/pdf/bioet/v21n1/a02v21n1>. Acesso em: 19 set. 2022.

_____; BARCHIFONTAINE, Christian de Paul de. *Problemas atuais de Bioética*. ed. rev. e ampl. São Paulo: Loyola, ^{8}2007.

PLATÃO. *A República*. Trad. Ciro Mioranza. São Paulo: Lafonte, 2017.

QUARESMA, Alexandre. Dilemas e conflitos do pós-humanismo. *Esocite, IV Simpósio Nacional de Tecnologia e Sociedade*, 2011. Disponível em: <http://www.esocite.org.br/eventos/tecsoc2011/cd-anais/arquivos/pdfs/artigos/gt004-dilemase.pdf>. Acesso em: 11 set. 2022.

RAMOS, Cesar Augusto. Aristóteles e o sentido político da comunidade ante o liberalismo. *Kriterion*, v. 55, n. 129 (jun. 2014) 61-77. Disponível em: <https://www.scielo.br/j/kr/a/XjTrB66wvsrMgSD8RN4kXVD/abstract/?lang=pt>. Acesso em: 10 out. 2022.

RAMPAZZO, Lino. A formulação do conceito de pessoa no IV e V século e sua atual aplicação na Bioética e no Biodireito. In: *Anais do XVIII Congresso Nacional do CONPEDI*. São Paulo: FMU; Florianópolis: Fundação Boiteux, 2009. CD-ROM. ISBN: 978-85-7840-029-3. Disponível em: <http://www.publicadireito.com.br/conpedi/manaus/arquivos/Anais/sao_paulo/2701.pdf>. Acesso em: 11 set. 2022.

_____. *Antropologia. Religiões e valores cristãos*. São Paulo: Paulus, 2014.

_____; NASCIMENTO, Larissa Schubert. Da influência do progresso tecnocientífico na medicina à refabricação inventiva do homem. Uma análise à luz da ética da responsabilidade de Hans Jonas. In: CAVALCANTI, Ana Elizabeth Lapa Wanderley; GORDILHO, Heron José de Santana; STIVAL, Mariane Morato (org.). *Biodireito e direitos dos animais*. Florianópolis: CONPEDI, 2019. Disponível em: <http://conpedi.danilolr.info/publicacoes/no85g2cd/pjygo-2f8/9l9842432z89rtxU.pdf>. Acesso em: 20 set. 2022.

RAN, F. Ann et al. Genome engineering using the CRISPR-Cas9 system. *Nature Protocols*, v. 8 (24 out. 2013) 2281-2308. Disponível em: <https://www.nature.com/articles/nprot.2013.143>. Acesso em: 21 set. 2022.

REGALADO, Antonio. *Top U.S.* Intelligence Official Calls Gene Editing a WMD Threat. *Technologyreview*, 9 fev. 2016. Disponível em: <https://www.technologyreview.com/2016/02/09/71575/top-us-intelligence-official-calls-gene-editing-a-wmd-threat/>. Acesso em: 21 set. 2022.

REICH, Warren T. *Encyclopedia of Bioethics*. Washington: The Free Press, 1978, v. 1.

RIBEIRO, Jorge Ponciano. Religião e psicologia. In: HOLANDA, Adriano (org.). *Psicologia, religiosidade e fenomenologia*. Campinas: Alínea, 2004, 11-36.

RODRIGUES, Gabriele Borges; SOUZA, Leonardo da Rocha de. O princípio da precaução como critério da Administração Pública para regular a inserção de organismos geneticamente modificados. *R. Fac. Dir. UFG*, Goiânia, v. 41, n. 2 (2017) 110-133. Disponível em: <https://www.revistas.ufg.br/revfd/article/view/42972/24677>. Acesso em: 9 set. 2022.

ROHREGGER, Roberto; SGANZERLA, Anor; SIMÃO-SILVA, Daiane Priscila. Biologia sintética e manipulação genética. Riscos, promessas e responsabilidades. *Ambiente & Sociedade*, v. 23 (3 ago. 2020). Disponível em: <https://www.scielo.br/scielo.php?pid=S1414-753X2020000100324&script=sci_arttext&tlng=pt>. Acesso em: 18 set. 2022.

ROSA, Antonio do Nascimento; MENEZES, Gilberto Romeiro de Oliveira; EGITO, Andréa Alves do. Recursos genéticos e estratégias de melhoramento. In: ROSA, Antonio do Nascimento et al. (ed.). *Melhoramento genético aplicado em gado de corte. Programa GENEPLUS-EMBRAPA*. Brasília: Embrapa, 2013.

ROSENDO, Inma Gil. "Saía pus do meu rosto". Os perigos das cirurgias estéticas sem cuidados. *BBC Mundo*, 16 out. 2017. Disponível em: <https://www.bbc.com/portuguese/geral-41579800>. Acesso em: 11 out. 2022.

SABBATINI, Renato M. E. Brincando de Deus. A nova convergência entre biologia molecular, medicina e tecnologia da informação. *Saúde Digital Ecossistema*, 27 dez. 2018. Disponível em: <https://saudedigital.tech/brincando-de-deus/>. Acesso em: 20 set. 2022.

Referências

SALVADOR, Thaís; SAMPAIO, Hebert; PALHARES, Dario. Análise textual da Declaração Universal sobre Bioética e Direitos Humanos. *Revista Bioética*, Brasília, v. 26, n. 4 (2018) 523-529. Disponível em: <https://www.scielo.br/pdf/bioet/v26n4/1983-8042-bioet-26-04-0523.pdf>. Acesso em: 2 out. 2022.

SANS, Elaine Cristina de Oliveira et al. Consequências da seleção artificial para o bem-estar animal. *Revista Acadêmica Ciência Animal*, Curitiba, v. 16, ed. esp. 1 (ago. 2018) 1-13. Disponível em: <https://periodicos.pucpr.br/index.php/cienciaanimal/article/view/23742>. Acesso em: 21 set. 2022.

SANTOS, Benedito Beni dos. Apresentação. In: RAMPAZZO, Lino: DIAS, Mário José (org.). *Pessoa, comunidade e instituições na obra de E. Mounier e de Ricoeur*. Campinas: Alínea, 2012, 9-10.

SANTOS, Raquel; SILVA, Rosângela Maria de Nazaré Barbosa e. Racismo científico no Brasil. Um retrato racial do Brasil pós-escravatura. *Educar em Revista*, Curitiba, v. 34, n. 68 (2018) 253-268. Disponível em: <https://www.scielo.br/j/er/a/cmGLrrNJzVfsKXbPxdnLRxn/?lang=pt>. Acesso em: 13 set. 2022.

SANTOS, Ricardo Ventura; MAIO, Marcos Chor. Qual o "retrato do Brasil"? Raça, biologia, identidades e política na era genômica. *Mana*, v. 10, n. 1 (abr. 2004) 61-95. Disponível em: <https://www.scielo.br/j/mana/a/Q9whbMQmn8FnKQdSh7sjFSn/?lang=pt>. Acesso em: 13 set. 2022.

SANTOS, Vanessa Cruz et al. Eugenia vinculada a aspectos bioéticos. Uma revisão integrativa. *Saúde em Debate*, Rio de Janeiro, v. 38, n. 103 (out./dez. 2014) 981-995. Disponível em: <https://www.scielo.br/j/sdeb/a/hNkQBgSSJCg3LxzqkbBNbsh/?lang=pt#>. Acesso em: 29 set. 2022.

SAVULESCU, Julian et al. The moral imperative to continue gene editing research on human embryos. *Protein Cell.*, v. 6, n. 7 (jul. 2015) 476-479. Disponível em: <https://www.ncbi.nlm.nih.gov/pmc/articles/PMC4491050/>. Acesso em: 20 set. 2022.

SCHMAUS, M. *A fé da Igreja*. Trad. Marçal Versiani. Petrópolis: Vozes, 1977, v. 3.

SCHOUTEN, Henk J.; KRENS, Frans A.; JACOBSEN, Evert. Cisgenic plants are similar to traditionally bred plants. International regulations for genetically modified organisms should be altered to exempt cisgenesis. *EMBO Reports*, v. 7, n. 8 (ago. 2006) 750-753. Disponível em: <https://www.ncbi.nlm.nih.gov/pmc/articles/PMC1525145/>. Acesso em: 30 set. 2022.

SCHRAMM, Fermin Roland; PALÁCIOS, Marisa; REGO, Sergio. O modelo bioético principialista para a análise da moralidade da pesquisa científica envolvendo seres humanos ainda é satisfatório? *Ciênc. Saúde Coletiva*, v. 13, n. 2 (abr. 2008) 361-370. Disponível em: <https://www.scielo.br/j/csc/a/4yDHmDXND4PCMbR-6BBSzgNN/abstract/?lang=pt>. Acesso em: 20 set. 2022.

SCHÜTZ, Christian; SARACH, Rupert. O homem como pessoa. In: FEINER, Johannes; LÖHRER, Magnus (ed.). *Mysterium Salutis. Compêndio de dogmática histórico-salvífica*. Trad. Bernardo Lenz. Petrópolis: Vozes, ²1980, v. II/3, 73-89.

SGANZERLA, Anor; PESSINI, Leo. Edição de humanos por meio da técnica CRISPR-Cas9. Entusiasmo científico e inquietações éticas. *Saúde em debate*, Rio de Janeiro, v. 44, n. 125 (abr./jun. 2020) 527-540. Disponível em: <https://www.scielo.br/scielo.php?script=sci_arttext&pid=S0103-11042020000200527&tlng=pt>. Acesso em: 25 set. 2022.

SEVERINO, Antonio Joaquim. Recolhimento em Si e abertura ao Outro. In: RAMPAZZO, Lino; DIAS, Mário José (org.). *Pessoa, comunidade e instituições na obra de E. Mounier e de Ricoeur*. Campinas: Alínea, 2012, 31-43.

SHELLEY, Mary. *Frankenstein ou o moderno Prometeu*. Trad. Pietro Nasseti. São Paulo: Martin Claret, 2001. Disponível em: <http://www.bioetica.org.br/?siteAcao=DiretrizesDeclaracoesIntegra&id=2>. Acesso em: 8 out. 2022.

SILVA, André Luiz; MORENO, Andréa. Frankenstein e cyborgs. Pistas no caminho da ciência indicam o "novo eugenismo". *Revistas UFG*, Goiânia, v. 8, n. 2 (2005) 125-140. Disponível em: <https://www.revistas.ufg.br/fef/article/view/110/1556>. Acesso em: 8 out. 2022.

SILVEIRA, Éder. *A cura da raça. Eugenia e higienismo no discurso médico sul-rio-grandense nas primeiras décadas do século XX*. Porto Alegre: UFCSPA, 2016.

Referências

SINGER, Bryan (dir.). *X-Men. O filme*. Produzido por Lauren Shuler Donner (105 min.). Estados Unidos: Marvel Filmes, 2000.

SOUSA, Antonio Freitas de. "Super-humanos" vão substituir o homem comum. Previsão é de Stephen Hawking. *Jornal Econômico*, 15 out. 2018. Disponível em: <https://jornaleconomico.sapo.pt/noticias/super-humanos-vao-substituir-o-homem-comum-previsao-e-de-stephen-hawking-366446>. Acesso em: 10 set. 2022.

SOUZA, Vanderlei Sebastião de. *A política biológica como projeto. A "Eugenia Negativa" e a construção da nacionalidade na trajetória de Renato Kehl (1917-1932)*. Dissertação de Mestrado em História das Ciências da Saúde. Rio de Janeiro: Fiocruz, 2006. Disponível em: <https://www.arca.fiocruz.br/handle/icict/6134>. Acesso em: 21 set. 2022.

STEPAN, Nancy Leys. *Eugenia no Brasil, 1917-1940*. Rio de Janeiro: Fiocruz, 2004. Disponível em: <http://books.scielo.org/id/7bzx4/pdf/hochman-9788575413111-11.pdf>. Acesso em: 29 set. 2022.

_____. *A hora da eugenia. Raça, gênero e nação na América Latina*. Rio de Janeiro: Fiocruz, 2005.

SUPREMO TRIBUNAL FEDERAL (STF). *Ação Direta de Inconstitucionalidade 3.510-0*. Disponível em: <https://www.stf.jus.br/arquivo/cms/noticiaNoticiaStf/anexo/adi3510EG.pdf>. Acesso em: 29 set. 2022.

SYNTHEGO. *History of genetic engineering and the rise of genome editing tools*. 2022. Disponível em: <https://www.synthego.com/learn/genome-engineering-history>. Acesso em: 20 set. 2022.

TEIXEIRA, Izabel Mello; SILVA, Edson Pereira. História da eugenia e ensino de genética. *História da Ciência e ensino*, São Paulo, v. 15 (2017) 63-80. Disponível em: <https://revistas.pucsp.br/index.php/hcensino/article/view/28063>. Acesso em: 6 out. 2022.

THE ODIN. *DIY Bacterial Genome Engineering CRISPR Kit*, 2017. Disponível em: <https://www.amazon.com/DIY-Bacterial-Genome-Engineering-CRISPR/dp/B071ZXW1TW#descriptionAndDetails>. Acesso em: 1 out. 2022.

TRIBUNAL INTERNACIONAL DE NUREMBERG. *Código de Nuremberg*, 1947. Disponível em: <http://www.bioetica.org.br/?site

Acao=DiretrizesDeclaracoesIntegra&id=2>. Acesso em: 29 set. 2022.

TO, Louise (dir.). Genetics home reference. Merged into MedlinePlus. *NLM Technical Bulletin*, 2 set. 2020. Disponível em: <https://www.nlm.nih.gov/pubs/techbull/so20/so20_ghr_medlineplus_merge.html>. Acesso em: 25 set. 2022.

UNESCO. *Declaração universal sobre o genoma humano e os direitos humanos, de 1997*. Disponível em: <https://unesdoc.unesco.org/ark:/48223/pf0000122990_por>. Acesso em: 10 set. 2022.

_____. *Declaração internacional sobre os dados genéticos humanos, de 2003*. Disponível em: <https://unesdoc.unesco.org/ark:/48223/pf0000136112_por?posInSet=1&queryId=6584773e-8a0c-4700-9fa8-5b448b530948>. Acesso em: 11 set. 2022.

_____. *Declaração universal sobre bioética e direitos humanos, de 2005*. Disponível em: <https://unesdoc.unesco.org/ark:/48223/pf0000146180_por>. Acesso em: 10 set. 2022.

VEATCH, Robert M. *Theories of bioethics*. Washington: Eubios, 1999. Disponível em: <https://www.eubios.info/EJ92/ej92c.htm>. Acesso em: 24 set. 2022.

VEIGA, Edison. Como o trigo "domesticou" a humanidade – e vice-versa. *BBC*, 29 maio 2019. Disponível em: <https://www.bbc.com/portuguese/geral-48445689>. Acesso em: 24 set. 2021.

VIEIRA, Carolina Fontes. O enquadramento histórico conceitual da eugenia. Do eugenismo clássico ao liberal. *Cadernos da Escola de Direito e Relações Internacionais*, Curitiba, v. 1, n. 17 (2012) 251-283. Disponível em: <https://portaldeperiodicos.unibrasil.com.br/index.php/cadernosdireito/article/view/2975>. Acesso em: 14 set. 2022.

VIZCARRONDO, Felipe E. Human enhancement. The new eugenics. *Linacre Q.*, v. 81, n. 3 (ago. 2014) 239-243. Disponível em: <https://www.ncbi.nlm.nih.gov/pmc/articles/PMC4135459/>. Acesso em: 7 out. 2022.

WALTZ, Emily. Gene-edited CRISPR mushroom escapes US regulation. A fungus engineered with the CRISPR-Cas9 technique can be cultivated and sold without further oversight. *Nature*, 14 abr.

2016. Disponível em: <https://www.nature.com/news/gene-edited-crispr-mushroom-escapes-us-regulation-1.19754>. Acesso em: 22 set. 2022.

WAYMIRE, Kenadi. Gattaca in Real Life. Gene Drives and CRISPR. *Ampheros media*, 5 abr. 2020. Disponível em: <https://ampheros.com/gattaca-in-real-life-gene-drives-and-crispr/>. Acesso em: 8 out. 2022.

WELLS, H. G. *A ilha do dr. Moreau*. Rio de Janeiro: Alfaguara, 2012.

WILKINSON, Stephen. "Eugenics talk" and the language of bioethics. *J Med Ethics*, v. 34, n. 6 (29 maio 2008) 467-471. Disponível em: <https://www.ncbi.nlm.nih.gov/pmc/articles/PMC2569201/>. Acesso em: 28 set. 2022.

WILSON, Philip K. Eugenics. Genetics. *Britannica*, 1998. Disponível em: <https://www.britannica.com/science/eugenics-genetics>. Acesso em: 2 out. 2022.

Edições Loyola

editoração impressão acabamento

Rua 1822 nº 341 – Ipiranga
04216-000 São Paulo, SP
T 55 11 3385 8500/8501, 2063 4275
www.loyola.com.br